京都大学学術出版会
生態学ライブラリー19

植物のかたち

その適応的意義を探る

酒井聡樹

写真1　カエデ属の仲間

ハウチワカエデ（*Acer japonicum*）．撮影：松谷茂．

コハウチワカエデ（*Acer sieboldianum*）．撮影：松谷茂．

ウリハダカエデ（*Acer rufinerve*）．撮影：松谷茂．

ハナノキ（*Acer pycnanthum*）．撮影：松谷茂．

写真2　イチリンソウ属の仲間

イチリンソウ属の形の違いに興味を持ったことがきっかけとなり，草の形の多様性の進化を数理モデルを用いて解析することになった．

ニリンソウ（*Anemone flaccida*）．撮影：松谷茂．

キクザキイチゲ（*Anemone pseudo-altaica*）．撮影：編集部．

アズマイチゲ (*Anemone raddeana*). 撮影：宅見啓.

ハクサンイチゲ (*Anemone narcissiflora* var. *nipponica*). 撮影：森田光治.

はじめに

私は子どもの頃、生き物が好きでもなんでもなかった。

確かに、普通の子ども程度に虫遊びに熱中した時期もある。小学校一～二年生の頃、東京中野の自宅の庭でコオロギを捕まえて楽しんだし、カマキリを追いかけて自宅付近の原っぱを駆け回った（当時の中野には、虫採りの子どもを楽しませる原っぱがけっこう残っていた）。怪我をしたカマキリの傷口に、小麦粉とかを塗りつけて治療してあげたりした。カマキリにコオロギを食べさせて喜んだ記憶もある。おもちゃそのもののセミ採り網（長さが2メートルもない）を持って、届くはずもないセミを見つめて悔しい思いもした。小学校二年生の冬に東京から秋田へ転居すると、興味の対象はカマキリからクワガタやカブトムシへと移った。そのきっかけはおそらく、ある夏の夜、クワガタが飛んで来ているかどうか見てみようと、父と一緒に自宅のアパートの外に出たことであった。アパートの壁には、数匹のコクワガタがとまっていた。それ以来、夜になると外に出て、クワガタやカブトムシが飛んできていないか探したものだ。待っているだけでは飽きたらず、ある日曜日の早朝、父とともに、近くの金照寺山にカブトムシを探しにいった。「こういう樹液が出ているところに集まっているんだよ」という父の言葉にうなづきながら、樹液が出ている木を見て回った。そして何本かの木を回った後、ほんとうに、樹液に群がる数匹のカブトムシを見つけた。また、友達と一緒に、クワガタが潜んでいそうな木の穴に折れ枝をつっこんで、中のクワガタを捕まえようと躍起になった。なかなか捕まらないので、店でクワガタを買い虫かごの中に入れたりもした。

　こうした私の虫遊びに関して一貫して言えるのは、虫に対する科学的興味はまったくなかったことである。私にとって、クワガタやカブトムシはかっこよいおもちゃであり、プラモデルとかわりないものであった。私がやった程度のことは、私と同世代の人ならば誰でも経験したようなことであろう。「生き物好き」とはほど遠い。——その証拠に、小学校高学年になると私は虫遊びを卒業してしまった。

　さて今はというと、やはり今も、生き物は好きでもなんでもない。確かに、きれいな花や紅葉を見ると「いいな」と思うけれど、それはあくまでも「一般人」のレベルである。自腹を切って、オオクワガタを買ったり珍しい生物を見にいくよりも、陸女寿司（地下鉄八乙女駅から歩いて八分ほどのところにある寿司屋。仙台で一番美味しい）で寿司を食べた方が絶対にいいと思う。それではなぜ、生き物が好きでもなんでもない人間が生き物の研究者になったのか？　答えは簡単。生き物が好きであることが、生物の研究者になることの必要条件ではないからだ。私が思うに、「生き物が好きであること」と「研究が好きであること」は別物である。もちろん両者は排他的なものではない。生物の研究者の多くは、「生き物が好き」で「研究が好き」であると思う。実際、私が尊敬している研究者の多くはそういう方たちである。しかし、「生き物が好き」だけれども「研究が好き」ではないように見える「研究者」もいないではない。中には、「生き物が好き」であることと「研究者としての能力の高さ」を混同しているとしか思えない人もいる。

生物の研究の世界に入った当初私は、生き物が好きでもなんでもないことに引け目を感じていた。そして、生き物が好きなふりをした時期もあった。しかしそのうちに馬鹿らしくなり、今度は逆に、「生き物は嫌い」とわざと言うようになった。

私は、生き物は好きでもなんでもないが研究は好きだ。本書は、そんな私が生物の研究の世界に入った頃の物語である。

私は、大学院修士課程・博士課程でカエデの稚樹の形の適応進化の研究をし、博士号を取ったあとしばらくの間、草の形の適応進化を理論的に解析していた。しかし、これらの研究の学問的解説をすることが本書の目的ではない。だからといって、回顧録を書くつもりはない。偉人の回顧録なら読む価値があるだろうが、私の回顧録など、内輪受けの対象にしかならない。私が本書で書きたかったのは、研究を完成させるまでの過程とはどういうものなのかということである。どうしてその研究をやろうとしたのか。研究を進めるその日その日に何を考えていたのか。そして実際に何をやったのか。別の言い方をするならば、生態学の研究をすることの雰囲気を知ってもらうことが本書の目的だ。だから本書は、生態学を志している高校生・大学生、生態学の世界に入ったばかりの大学院生に読んでいただけたらと思う。本書のどこかが、あなたが自分の研究を進めるときに少しでも役に立ったとすれば、それは何かの錯覚、ではなく大きな喜びである。

植物のかたち◎目　次

植物のかたち

その適応的意義を探る

酒井聡樹

第一章◎稚樹の形の研究をやろう

1　生物学に決める

私は、子どもの頃から自然科学の研究者になりたいと思っていた。研究に対する憧れをずっと抱いていたし、性格的にも合っていたようだ。たとえば、幼稚園の卒業文集に、将来何になりたいのかを書く欄があった。他の子は、「先生になりたい」とか「お花屋さんになりたい」とか「博士になりたい」とか書いているのに、私が書いたのは「ＭＰになりたい」（ＭＰとは、アメリカ軍の警察みたいなもの）。なんでこんなことを書いたのかは定かではないけれど、なかなか独創的である。自分の思ったことを書くことにためらいを感じなかったことを記憶している。小学二年生の運動会の作文では、他の子はたいてい、自分がかけっこで何番だったとかいう「自分のこと」を書いた。しかし私が嬉々として書いたのは、近所の三年生の田中君が騎馬戦で五人抜きしたことである。自分のことは一行も出てこない。自分が一番興奮したことを作文にしてどうしていけないのだろうと不思議だった。このように私には、既存の概念に無頓着なところがあった(ただ単に常識がないだけかも知れないが)。また、中学一年生のときの夏休みの自由研究で、「なぜ、凸レンズで見ると物が大きく見えるのか」という課題を選んだ。そして何をしたかというと、わけのわからない実験をしたり噴飯ものの理屈を作ったりと、ひたすら自分の頭で考えることであった。本で調べるという発想は全然ない。考えた中身はともかく、自分の頭で考えるという姿勢は誉めてやりたいと思う。かといって、自然科学関係の本を読んだり、何かの研究を独自に始めたりしたわけではないのだが(そういう点では全然ませていなかった)。

高校生の頃になると、自然科学の研究者になることが当然の道のように思っていた。進路志望も、ごく自然に理学部となった。そして一九八〇年四月、京都大学理学部に入学した。当時の京大理学部には、湯川 秀樹先生・朝永 振一郎先生という二人のノーベル物理学賞受賞者に憧れて入学してくる学生が溢れていた(いわゆる「湯川・朝永病」)。私はどうかというと、高校時代に免疫が形成されていたので湯川・朝永病にはかからなかった。物理・化学は、とっとと落ちこぼれたのだ。ではなぜ京大理学部を選んだのか——。いくつかある理由のうち一番まともなものを上げておくと、理学部という大きな枠組みで学生を募集する点が気に入ったからだ。私は、自然科学の研究者になるという思いは固めていたが、どの分野を専攻するのかについては漠としたものしかなかった。だから、入学後に専門を選ぶことができる大学の方がよかったのである。

当時の京都大学は、一〜二年生は教養課程を修め、三年生になったら専門課程に進学するという制度であった。入学した私は、学生としてはめずらしく明瞭な将来計画を立てた。

一〜二年生の間は勉強しない。三年生になったら勉強する。

そしてちゃんと実行した。その証拠に、大学一〜二年生（教養課程時代）のときの私しか知らない人間と、大学三〜四年生（専門課程時代）のときの私しか知らない人間では、私に関して言うことがまったく違った。両方の私を知る人間は、「訳がわからない」と頭を抱えていた。どうしてこういう行動をとったかというと、私には、幅広い一般教養を身につけるという気持ちが全然なかったのだ。一般教養科目は、自然科学の研究者になるという自分の目標とは「関係ないこと」であった。一般教養を身につけたい人はつければいいし、そうでない人は他のことをすればいい。「本人の勝手でしょ」というわけだ。こうした視野の狭さと「わりきりのよさ」は昔からの性癖で、たとえば中学生のとき、内申書には関係するけれども受験科目ではない教科は、内申書が出てしまったらノートを取るのさえやめてしまった。なんていう奴だと我ながら思うが、この性癖は大学に入っても直らなかったのだ。もちろん、卒業するためには教養科目を履修しなくてはならない。教養課程時代の同級生の多くは、「この講義は面白そうだ」という理由で履修する講義を選んだ。私の場合は、「単位を取りやすいかどうか」が唯一の尺度であった。面白い講義を選ぶという心情がさっぱりわからなかった。講義のノートもいい加減だった。一年生の前期の講義に備え新しいノートを買い、表に（たとえば）「憲法学」と書く。そのノートは、半年経っても真っ白か、せいぜい最初の一〜二ページにこちょこちょと書いてあるだけである。後期になると、「憲法学」という表書きに二重線を引いて消し、新たに「心理学」と書く。同じノートが翌年には物理学となる。今から思うと、教養課程時代の二年間はずいぶん無駄な時を過ごしたと思う（それはそれで楽しかったが）。今の知識を持ってもう一回やり直すことができたら……。超一流の科学誌 *Nature* とか *Science* とかに載ったすごい論文の内容を覚えておいて、私が先にやってしまうのだが。

専門課程に進むとき、生物を専攻しようとごく自然に考えた。物理・化学はもともと考慮の外だったし、数学は、講義を聴いても、何のためにこういう解析をするのかという目的がわからなくて苦しんだ。おかげで、講義の中身を理解する方に苦しむ余裕もなくなってしまった。地学はなんとなく合わなかった。生物学の中では、ミクロ系の分野よりも、生態学・系統進化学・形態学といったマクロ系の分野に親しみを感じた。もっと突き詰めるならば、生物の進化に浪漫を感じていた。遡ると高校時代、生物の教科書に載っていたＤＮＡの二重螺旋の絵とワトソンとクリックの業績の話、それから憧れの糸が生まれたのだと思う。ではなんで分子遺伝学に憧れなかったのかとつっこまれると困るが、ともかく私の中では生物の進化へと糸はつながっていったのだ。植物の研究をすることに決めたのも浪漫に満ち満ちた理由からである。一言で言うならば、そこに日本の美を見たのだ。手弱《たよわ》げに葉を広げ、わずかに降り注ぐ光に身を委ねる林床の低木――。私はどうもこういう話に弱い。

ここまで読んで下さった方たち、「どんな立派なことが書いてあるかと思ったら」と、すっかり呆れてしまったことであろうか。しかし、これが事実なのだからしょうがない。開き直りついでに付け加えるなら、ある分野に進む動機やきっかけなんてなんでもいいではないか。生き物が好きで好きでたまらなくて生物の研究を始めるもよし。たとえば前立腺肥大症の研究者は、肥大した前立腺が好きで好きでたまらなくて研究を始めるのだろうか？ よく知らないけどそうではない気がする。大切なのは、その分野に入った後、どういう夢・使命感・問題意識を持って研究を進めるのかだと思う。動機の立派さは、これらとは別物と考えた方がいい。

2 植物生態学と系統進化学の中間的な研究を志す

まず始めに、植物生態学と系統進化学とはそれぞれどういう学問なのかを説明しておこう。生態学とは、生物の生活に関する科学である。生物がどういう生育環境に生育しているのか。そこでどういう生活を送っているのか。生物の持つ性質は、その生物が生存する上でどういう機能を果たしているのか。子孫を残すために、どのような繁殖活動を行っているのか。ある性質の適応的意義は何なのか

――。などなど、生物の生活に関わりのある自然現象なら、ありとあらゆることが生態学の研究対象である。植物生態学はその中でも、植物の生活を研究する分野だ。一方の系統進化学は、生物の由来に関する科学である。地球上の生物は、共通の祖先からさまざまに進化を遂げ多様化してきた。生物間の系統関係（由来の関係）を探ることにより、生物の進化の歴史を解き明かすことがこの分野の目的である。

専門課程での私は、講義にろくに出ないことを除けばとても熱心な学生であった。言っている意味がよくわからないと思う方もいるかもしれないが、とにかく熱心に学問に取り組んだのだ。たとえば、植物の生態学・系統進化学・形態学関係の本を読みまくった。その読み方も気合い十分で、あちこちに書き込みや下線が引いてある。マクロ生物系の学生実習でも、実習の内容を率先してこなすだけではなく、担当教官にいろいろ質問して知識を吸収した。

専門課程の同級生の中には、研究室に出入りして大学院生のように振る舞っている人もけっこういた。専門知識を講義等で受動的に身につけるだけでなく、研究室の大学院生や教官と直接話をしたり、研究室のセミナーに出たり、実験や調査を手伝ったりして知識を吸収しようというのだ。私もそれを真似した。やっかいをかけたのは理学部附属植物生態研究施設である。三年生の夏に四国の石鎚山で行われた植物生態学の野外実習に、植物生態研究施設の大学院生の片山雅男さんが指導補佐として参加していた。実習のあと、私は、片山さんの研究室に押し掛けるようになった。始めの頃の質問はなさけなかった。

「この花なんですか？」

「シャガ」

シャガを知らない方は、右の会話をサクラに置き換えて考えればよい。やがて私は、植物生態研究施設の大学院生、土屋和三さん・高田健一さん・清水喜和さん・原登志彦さん・中山隆司さん・松井淳さん・蒔田明史さん・湯本貴一さん・小池文人さん・出井美保さんらとお近づきにさせていただいた。そして、諸先輩の調査に連れていってもらい、現場でいろいろ教えてもらった。自分一人でも近辺の山野に出かけていき、林に入り込んであれやこれやと観察したり、植物をいじりながら考え込んだりした。

一冊のノートを買い、植物に関して思いついたことや観察したことを書き込んだのもこの頃である。このノートは、物持ちが悪い私にしてはめずらしく手元に残っている。ページをめくってみると、

ササがうっぺいしたところでは実生は育たない　↓　光と水が制限されている

などと書いている。実生《みしょう》とは幼植物のことである。つまり、ササに覆われたら、その下は暗いので幼植物は育たない（当たり前だ）。別のところにはこんな書き込みがある。

倒木は、ササがうっぺいした林において、ササを踏みつぶすことにより明るい空間を与える→発芽床

倒木を利用した世代更新は、ササがうっぺいする林内に生育する樹種の適応戦略では？　世代更新の仕方と林床の状態を調べると面白い

ブナ林や針葉樹林に足を踏み入れると、大きな木がけっこう倒れていることに気づく。こうした倒木は林床のササを踏みつぶし、そして自ら朽ち果てて幼植物の養分となる。コケがむすなどして程良い水分が蓄えられると、倒木の上は、高木の実生の格好の発芽場所となる（倒木の上に限らず、実生の発芽条件を備えた場所を発芽床という）。実際、倒木の上にたくさんの実生が生え茂っていることがよくある。私は、樹木の世代更新の仕方が、林床の状態に応じて異なっているのではないかと考えたらしい。こんなことも書いてある。

暗い林床で発芽した実生が何年かして枯れてしまうのはどういうわけか？　光量はほぼ一定なのだから、生長による個体重の増加が直接の原因なのだろうか？　林床の光量でやっていける個体重の限度を超えると枯れてしまうということか。

樹高が少しでも増加すれば得られる光量も増加する。高木種の稚樹は、光を得るために樹高を増すという非常にエネルギーのいることを行うために枯れてしまい、低木種は、高くならないようにしているから生き残ることができるのだろうか？

稚樹とは、実生より大きくなった段階（高さ数十センチメートルから一～二メートル）の幼木のことであ

る。稚樹が成木となって次世代として確立することにより、樹木の世代更新は起こる。このように当時の私は、樹木の世代更新に興味を持っていたようだ。それも、適応戦略の進化という観点からのものである。

植物生態研究施設の大学院生の長老格に高田健一さんがいた。私は、高田さんにはとくにお世話になった。高田さんからの影響が、大学院における私の研究を方向づけたとも言える。その高田さんの言葉。

「生態学と系統進化学の中間的なことをやるんやで。」

生物はみな進化の所産である。進化の歴史の中で、生物の性質はさまざまに変化を遂げてきた。そして、進化の歴史の多くの部分は、適応的な多様化の歴史であると思う。たとえば、高木性か低木性か、落葉性か常緑性かということには何らかの適応的意義があるであろう。そして進化の結果、あるものは高木となりあるものは低木となった。あるものは落葉性の葉をつけるようになり、あるものは常緑性の葉をつけるようになった。これは、適応的な性質を獲得することにより新しい環境で生育できるようになって、生物は多様化してきたということかもしれない。生態的な性質（適応的な性質）の多様化という視点から生物の進化を調べること。環境に対する適応という生態学的視点と進化の歴史という系統進化学的視点を併せ持った研究を行うことは、進化に浪漫を感じていた私にぴったりくるものであった。

生態学と系統進化学の中間的なことをやるのならば、どちらの分野に身をおいてもかまわないことになる。理学部植物学教室には、系統進化学も行っている植物分類学研究室があった。こちらの研究室に入ってもよかったのだが、世俗的な事情でやめにした。植物分類学研究室には、同期生の永益英敏君が大学院生のごとく陣取っており、私の入り込む余地がない気がしたのだ。だから、植物生態研究施設で大学院生のごとく振る舞うことにした。高田さんらがいる二階の大学院生部屋に、たまたま机が一つ空いていたので、その机を無断で自分のものにしてしまった。自分の本を机の右隅に並べ、引き出しに自分の荷物を入れた。研究室にやってくると、当然のごとくその机に座った。その姿を見た蒔田さんがにっと笑ったので、認められたのだと私は決めた。そして大学院生の話を聞き耳学問に勉め、いろいろな本や論文を机に向かって読んで勉強した。この頃の私は、なんとも禁欲的で美しかった。朝起きると自転車で研究室に向かう。夜も遅くまで研究室で勉強して過ごし、あとは下宿に帰って寝るだけである。雪の降りしきる夜に自転車で下宿に帰る姿は、感傷を誘うに十分であった。

そうこうする内に大学院の受験を迎えることになる。ただし高田さんにはこう言われた。

「留年してもう一年人生を考えへんの？　北アルプスの山小屋のアルバイト紹介したるで」

どういう脈絡の発言かよくわからないが、この助言には従わなくてよかったと思う。受験勉強を本格的に始めるとともに、研究室のカレンダーにマジックで日々の勉強の具合を自分で書くことにした。

◎一所懸命勉強した
○普通に勉強した
×あまり勉強しなかった

初夏の頃、中だるみのためか×の日が続き、合格を危ぶまれたという。しかし私は、京大の大学院と東大の大学院に合格した。そして、恩ある京大の植物生態研究施設ではなく東大に進むことにした。東京大学理学部附属植物園（通称小石川植物園）にある、植物分類学研究室を選んだのである。私は、本格的な研究を東大の植物園で始めることになる。でもその話をする前に、卒業研究の話をしておこう。

3　目的もなく、カエデの枝の長さを測る

目的のわからない作業は大きな苦痛である。たとえば、地面にスコップで穴を掘り、一メートルほど掘れたら今度はその穴を埋める。穴が埋まったらまた同じところに穴を掘る。穴が掘れたらまた埋める。こういう作業を延々とやらされたら、誰だって不満を爆発させると思う。研究の世界でも同じだ。他人の研究の話を聞いていて一番いらいらするのは、何のためにやっているのかがわからない——

目的がわからない——ときである。ただしここで「目的がわからない」というのは、他者から見てわからないということだ。本人は目的があるつもりになっていて、(他者から見て)目的のわからないことを嬉々としてやっていることもある。この場合、他者の評価(あなたのやっていることの目的がわからない)の方がたいてい正しい。私の卒業研究は、そんな研究の典型であった。

当時の京大理学部では、四年生の後期から卒業研究が始まった(もっとも、全員が履修する必要もなかった)。私は、植物生態研究施設において卒業研究をすることにした。選んだテーマは、カエデ科樹木の稚樹の形の比較生態学である。カエデ科は、北半球の温帯林に広く分布し、また、多様に種分化している落葉樹である(写真1)。日本には二十数種ほどが分布しており、紅葉の林を彩る代表的樹木である(もみじとして親しまれている)。研究対象にカエデを選んだ理由はまたしてもその美しさゆえであった。三年生の秋に鳥取の大山に登山にいき、ブナ林の美しい紅葉に感動した。その時の印象が心に残っており、はかなくも美しいカエデの研究を始めようと思い立ったのだ(なぜ、ブナではなかったのかは不明)。しかし、こうゆう非科学的な選び方はまったくもって誉められたものではない。確かに、研究分野を選ぶ動機はなんでもいいではないかと今まで書いてきた。だが今度は、研究分野を決めた後のテーマの選択である。そこには何らかの科学的価値判断がなくてはならない。私はその後、カエデの稚樹形の研究を博士号を取るまで続けることになる。カエデを選んだことは結果的にはよかったと思っているけれど、「どうしてカエデを選んだのか」と聞かれるたびに困ることになってしまった。

一方、稚樹の形に着目し、それを種間で比較したことにはそれなりの科学的価値判断があった。稚樹は、次世代となる存在であり、世代更新の一役を担うものである。そして稚樹が、どのように枝を伸ばし葉を広げるのか（稚樹の形）は、その稚樹が、光を獲得して成木へと生長していく姿そのものだ。だから稚樹の形は、その樹種がどういう環境条件に適応して世代更新をしているのかを知る手がかりとなるであろう。それではなぜ稚樹の形を樹種間で比較しようと思ったのか。それは、進化に対して抱いていた浪漫が、適応進化のさまを知りたいという思いへとつながっていたからである。適応進化――カエデ科の樹種には共通の祖先がいて、そこから種分化を繰り返して今日の多様な姿になった。そのとき、生態的性質も分化して、それぞれの種の生育する環境も多様化していったであろう。カエデ科樹種の生き様がどのように多様化しているのか。それぞれの樹種はどのような環境に適応しているのか。ある樹種がある環境に適応しているということは、その場所でうまく世代更新しているということである。だから、世代更新に深く関わる稚樹の形を樹種間で比較してみよう。これが、稚樹の形の比較生態学を行おうとした動機である。もっとも、これをうまく言葉で説明することがなかなかできず、「どうして稚樹の形なのか」という問いには、「趣味だから」と大学院に入っても答えていた。

大学から自転車で一〇分ほどいったところに、大文字焼きで有名な大文字山がある。大文字山には、カエデ科のウリハダカエデとオオモミジ（図1）がたくさん生えていた。そこで、この二種に絞って稚樹の形の比較をすることにした。ちなみにこの二種は、大学院での研究でも中心をなすことになる。私は、大文字山に自転車でせっせと通い、高さ二〇〜五〇センチメートルほどの稚樹を見つけると、

図1　オオモミジの稚樹（左）とウリハダカエデの稚樹（右）.

引っこ抜いて研究室に持ち帰った。そして、二種間で枝分かれの仕方がどのように違うのかを比較した。

ここで簡単に、落葉樹の稚樹の生長の仕方を説明しておこう。種子が発芽すると、主軸（後に幹となる）が伸びて子葉が現れる（コナラのように、子葉は土の中にもぐったままで、地上に現れない樹種もある）。子葉は、その樹種がつける普通の葉とは形がかなり異なることが一般的である。カエデ科の子葉は細長い楕円形をしており、カエデというと思い浮かぶもみじ葉とは似ても似つかない（図2）。子葉だけでしばらく光合成を行った後、主軸がさらに伸びて普通の葉を広げる。カエデ科の葉は対生（一つの節が、二枚の葉を対でつけること）なので、一対の子葉の上に一

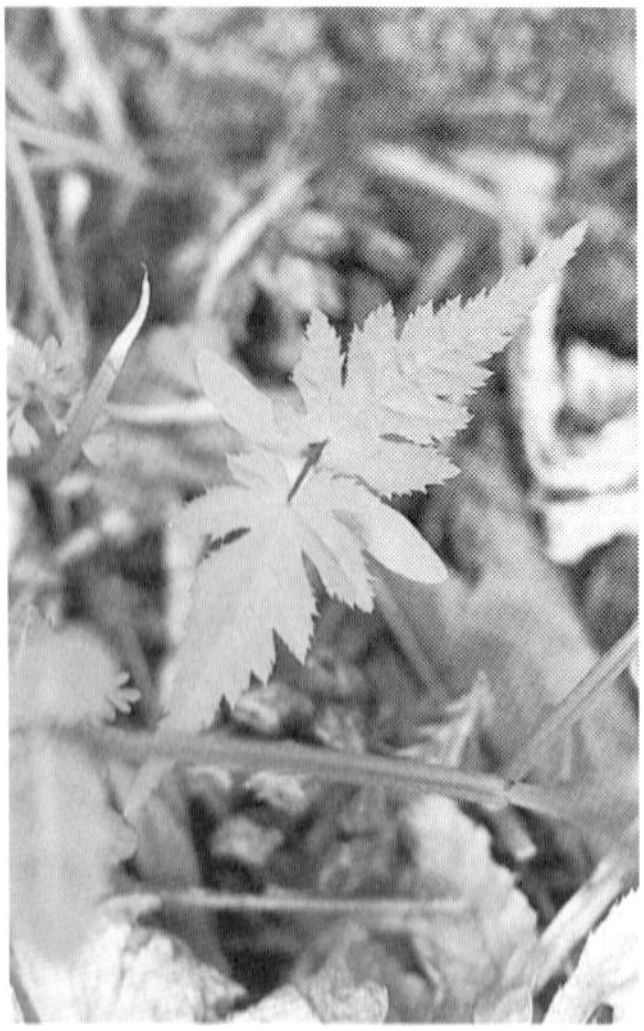

図2　オオモミジの実生．下に見える一対の細長い葉が子葉．上が本葉．撮影：ノブオ中村，『植物の世界　樹木編』（ニュートンプレス刊行）p. 131より許可を得て掲載．

対の普通葉がつくことになる。明るいところで育てると、主軸が伸び続けて葉の数も増える。しかし暗い林床では、普通葉を一対つけたところで一年目の生長は終わるのが普通だ。主軸の頂端や普通葉の葉腋（葉の付け根の部分）に冬芽（図3）が形成され、葉は落ちて越冬する。冬芽は、葉が変形した何枚かの芽鱗が、翌春に葉となる胚葉（葉の赤ちゃんみたいなもの）を包み込んだ構造をしている（オオカメノキのように、芽鱗がなく胚葉がむき出しの冬芽をもつものもある）。翌春、冬芽が開いて、新しい枝が伸びるとともに胚葉が伸び若葉となる。芽鱗は脱落し、そこに芽鱗痕という冬芽の痕跡を残す（図4）。芽鱗痕は何年も残るので、ある年の芽鱗痕と次の年の芽鱗痕の間の枝の長さを測れば、その年にその枝がどれくらい伸長したのかを知ることができる。ついでに言うなら、長さ方向の伸長をするのは毎年新たに形成される枝だけである。前年以前に形成された枝は長さ方向の伸長はせず、太さだけを増すことになる。だから、芽鱗痕と芽鱗痕の間の長さが年々変化したりすることはないわけだ。このように、枝を伸ばし葉を広げ、冬芽を作って越冬するという過

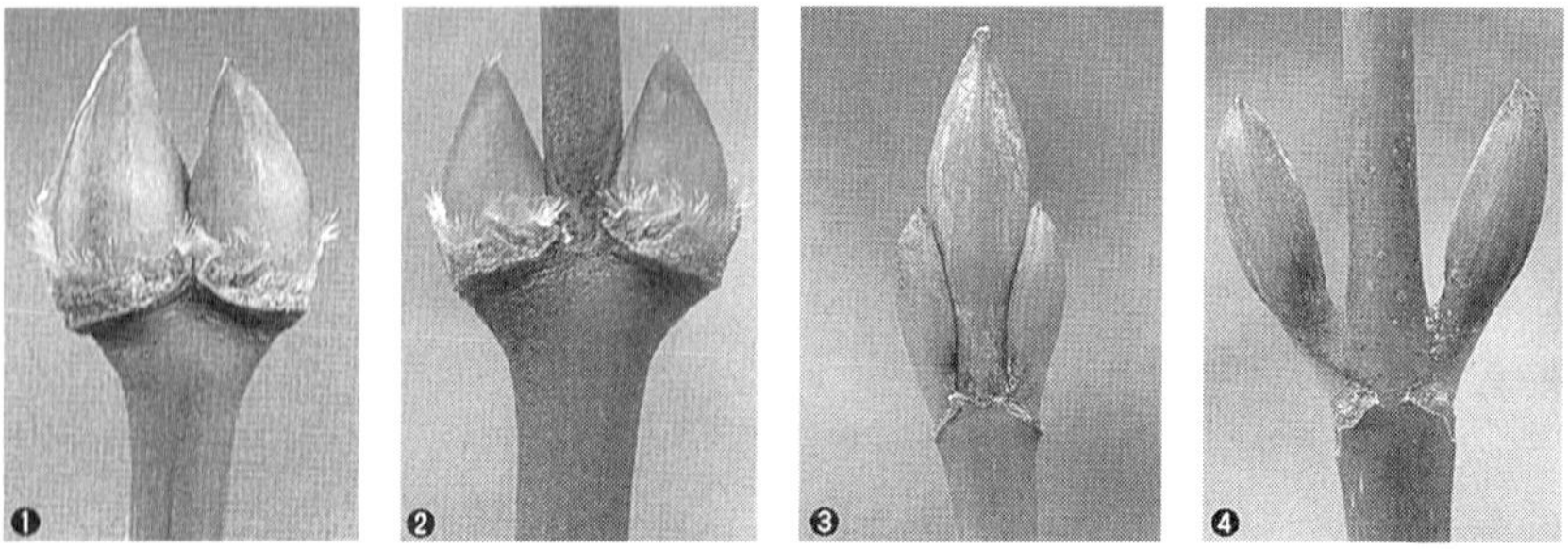

図3　オオモミジの冬芽（1，2）とウリハダカエデの冬芽（3，4）．1と3は枝の先端の冬芽で，2と4は枝の途中に着く冬芽．3の真中の冬芽は頂芽で，それ以外の冬芽はみな腋芽．腋芽のあるところにそれぞれ葉が着いていた．撮影：茂木透，『山溪ハンディ図鑑4　樹に咲く花　離弁花2』（山と溪谷社刊）p. 322，342より許可を得て掲載．

程を繰り返して落葉樹の稚樹は生長していく。

枝分かれの仕方には、代表的なものとして、単軸分枝と仮軸分枝の二つがある（図3）。樹種によって主にどちらの分枝方法をとるのかが異なり、ウリハダカエデは主に単軸分枝を、オオモミジは主に仮軸分枝を行う。単軸分枝では、枝の頂端に冬芽（この位置にできる冬芽を頂芽と呼ぶ）を形成する。また、葉腋にも冬芽（この位置にできる冬芽を腋芽と呼ぶ）を形成する（図3）。ウリハダカエデの場合、ほとんどの頂芽は開いて枝葉へと発達する。一方、腋芽が開いて枝葉へと発達するかどうかは、その腋芽がついている枝の光条件・栄養条件や、その腋芽の枝上での位置（枝の頂端から数えて何番目の腋芽か）に依存して決まる。開かずに終わってしまう腋芽も非常に多いのだ（どういう腋芽が開きやすいのかという説明は第三章第5節八九頁参照）。頂芽だけでなく腋芽も開けば、一本の枝から複数の枝が発達する——つまり枝分かれする——ことになる。一方の仮

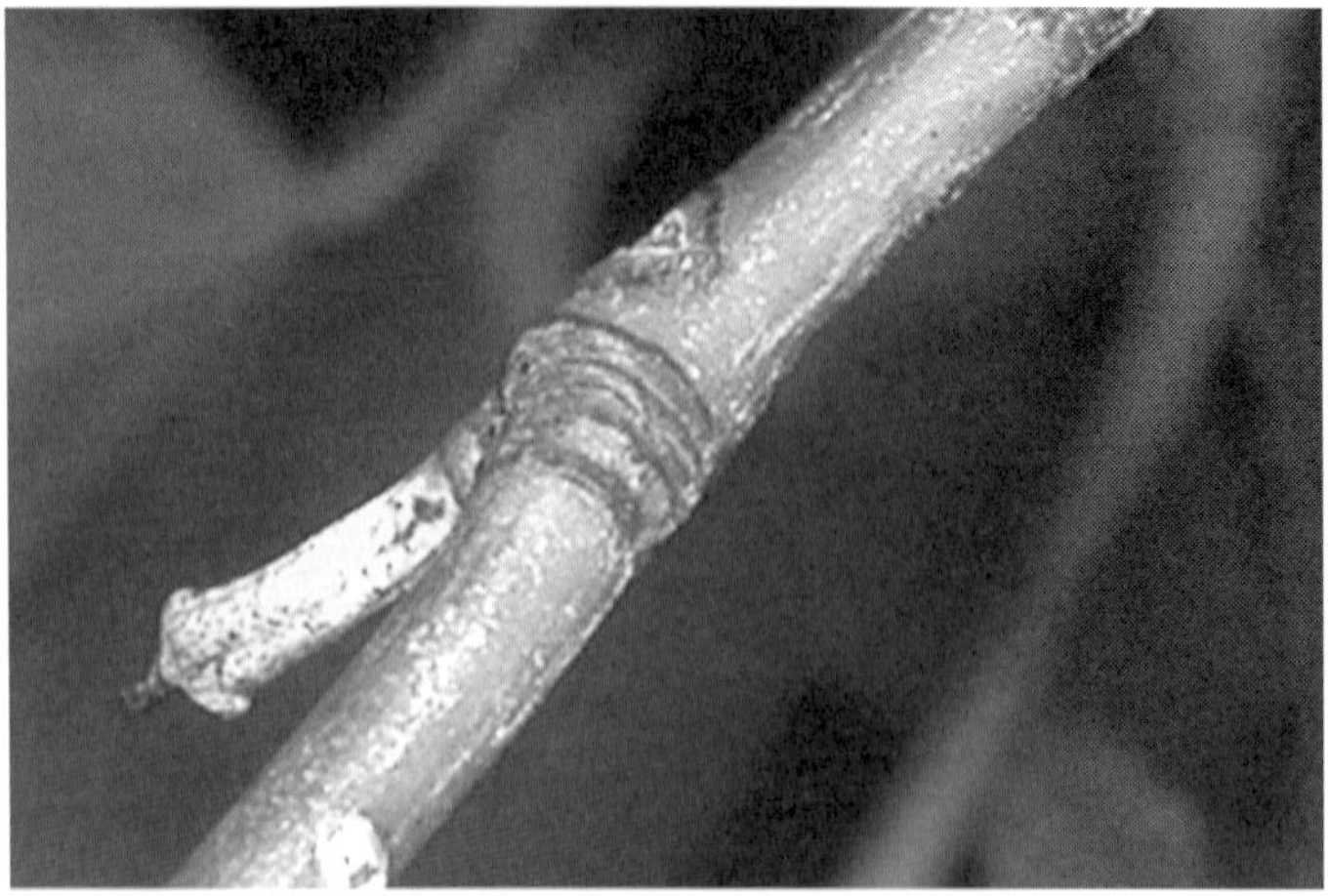

図4　オオモミジの芽鱗痕．オオモミジの冬芽は4対の芽鱗からなる．そのため，4本の筋が芽鱗痕として残る．

軸分枝では、枝の頂端は萎れてしまい頂芽を形成しない（図3）。冬芽はみな葉腋に形成される腋芽である。外見上は枝の先端についているように見える冬芽も、実体顕微鏡やルーペでよく見てみると、先端の葉の葉腋についている腋芽であることがわかる。仮軸分枝の場合も、すべての腋芽が開いて枝葉へと発達するわけではない（八九頁参照）。一本の枝から複数の腋芽が開けば枝分かれしたことになる。

私はまず、大文字山でとってきた稚樹の年齢を調べた。稚樹の年齢は、芽鱗痕の数を数えればわかる。その年に発芽した稚樹（実生）には芽鱗痕がない。ゼロ才の稚樹には芽鱗痕はゼロである。発芽して一年たった稚樹は、芽鱗痕を一つだけ持っている。一才の稚樹には一つの芽鱗痕。このようにして、根元から枝の先端に向かって芽鱗痕を数えていけば、その芽鱗痕の数がその稚樹の年齢である。実際には、枝の先端から根元に向かって数えた方が数えやすいが。ただしもちろん、ある稚樹についている芽鱗痕の総数を数えてはいけない。根本から枝の先端という一続きの枝についている芽鱗痕の数を数えないと大間違いである。私は、年齢を調べたあと、稚樹の形を注意深く紙に描き写していった。枝は何本あるのか、それぞれの枝の枝分かれの関係はどうなっているのかといったことを描き取るのである。芽鱗痕を数えれば、それぞれの枝が何年前に枝分かれしたのかもわかる。すべての枝について、芽鱗痕と芽鱗痕の間の長さを測って毎年の生長量も記録した。私は飽きることなく、何十という稚樹についてこういう計測を行っていった。

何のためにやったのか？　それはすでに書いた。目的があるつもりになっていただけだ。当時の私は、いつのまにか部屋に上り込んで、勝手におもちゃを出して遊んでいる子どものようなものであった。なにしろ、研究内容に関して教官に相談することさえせず、好きなことを自分で勝手に卒業研究として始めていたのだから。

ただ、卒業研究が無駄だったわけではない。大学院での研究につながることを二つ見つけたからだ。一つは、当年枝（その年に伸びた枝）の長さの分布に両者で違いがあることである。ウリハダカエデでは、少数の長い当年枝（長枝）と多数の短い当年枝（短枝）をつけていた。それに対してオオモミジでは、長枝と短枝の区別が明瞭ではなく、当年枝の長さは連続的に変化していた。個体がつけている当年枝の数を比べると、オオモミジの方がずいぶんと多い。もう一つ気づいたことは、過去における幹の伸長に関してである。幹の部分についている芽鱗痕を見ると、ウリハダカエデでは、芽鱗痕と芽鱗痕の間の長さが急激に広がっている個体がいくつかあった。すでに説明したように、連続する二つの芽鱗痕の間の長さは、その年における幹の伸長量を表す。つまりウリハダカエデでは、生長の悪い年が続いたあと、急に生長が良くなるという変化を経験した個体が多かったのである。オオモミジではそのような形跡のある個体はなかった。

二つ目の発見に私は気をよくした。両種の世代更新における、林冠ギャップへの依存の仕方の違いに関係すると思ったからである。その話をする前に、林冠ギャップに依存した樹木の世代更新の説明をしておこう。樹木がどのように世代更新をするのかについてである。普通、林の中は暗い。降り注ぐ太陽光のほとんどが林の上層をなす高木や亜高木に吸収されてしまう。よく発達した林だと、林床に届く光はわずかに数パーセントでしかない。高木種の稚樹は、こうした暗い林床では十分に生長することができない。やがて枯死するか、枯死しないまでも、毎年の生長量は小さく抑えられてしまう。つまり暗い林の中では、次世代の後継者となる若木がなかなか育たないのだ。成木が光を遮るためにその下の若木が生長できないという不条理な状況である。これは、暗さに強いはずの陰樹でも同じだ。たとえば、日本の温帯を代表する林であるブナ林(今は、伐採によりずいぶん減ってしまったが)は、その名のとおりブナが主要構成種である。ブナは陰樹であるけれども、暗い林の中でブナの若木がすくすく育ったりはしない。それではどうやって若木が育つのか。林冠ギャップと呼ばれる、林冠に空いた穴の下で若木は生長するのだ(図5)。高木が倒れたり枯死したりした場所では、林冠を構成する葉群が欠落する。あるいは、高木の大枝が落ちたりしても葉群は欠落する。このような林冠の穴——林冠ギャップ――は林のいたる所にできている。たとえば温帯林では、林の面積の五〜三一パーセントくらいが林冠ギャップである。(1) 一つの林冠ギャップの大きさもさまざまで、数本の高木がまとめて倒れてできた特大の林冠ギャップや、一本の高木が倒れてできた林冠ギャップ、枝が落ちてできた小さな林冠ギャップなどがある。こうした林冠ギャップの下の林床には太陽光が降り注ぐ。林冠ギャップの下

図5　ブナ林に生じた林冠ギャップ. 撮影：小見山章.

にいる若木は、その光を利用して生長することができるわけである。つまり、林の上層をなす高木（成木）が倒れて林冠ギャップができる。その下にいて暗さに耐えていた稚樹（あるいは、林冠ギャップができた後に発芽した実生）が良好な生長を開始して、やがて成木となりその林冠ギャップを埋める。非常におおざっぱに言うと、これが、林冠ギャップに依存した樹木の世代更新である。

それではウリハダカエデの稚樹の話に戻る。ウリハダカエデの稚樹の生長が急に良くなっているのは、林冠ギャップができて生育場所の光環境が良くなったからだと私は考えた。オオモミジの稚樹にそのような変化が見られなかったのはなぜか？　オオモミジの場合、林冠ギャップができるという幸運に恵まれなかったのか。いやそうではないであろう。オオモミジはウリハダカエデよりも暗さに強く、暗い林床でもそれなりに生長ができたのではないか。そのために、林冠ギャップができても生長速度が急に良くなったりはしなかったのではないか。――根拠のない想像である。なにしろ、芽鱗痕の間の長さを測っただけで、こういう話に決めつけてしまうのだから。しかし私は、卒業研究の発表で得意げにこの話をした。今の私が同じ話を聞いたらけちょんけちょんにけなしたことであろう。当時の私は、そのデータでどこまで言えるのかということを判断する能力が未熟であった。ただし、着眼点それ自体は悪くなかった。世代更新における林冠ギャップへの依存性の違いの解析は、大学院での研究の一つの柱となるのである。

4　東大大学院の入試

今から思うと、東大の大学院によく受かったものだと思う。当時の東大の大学院は、入試科目に外国語を二つ課した。生物学の試験問題は選択式であったけれども、生態学・系統進化学といったマクロ系の分野だけでなく、ミクロ系の分野も選択しないと回答答案数が足りないようになっていた。それに対して京大の大学院では、外国語は英語だけでよく、生物学の試験問題も、マクロ系の分野だけを選択すれば済んだ。こう並べると、私の性格からいってどちらの入試が向いているかは言うまでもない。まず第一に、英語以外の外国語を私は全然勉強しなかった。どうしてかというと、自然科学の世界では、英語が独裁者のごとく君臨していて、他の言語は存在しないかのようであるからだ。「ちゃんとした」論文はみな英語で書かれ、それ以外の言語——その人の母語とか——で書かれた論文はたいていの場合無視されてしまう。独語や仏語で書かれた論文はまだましだろうが、日本語で書かれた論文は外国人には完全に無視される。国際学会（不特定の国の人のために開かれる学会）では、公用語は当然のごとく英語となる。どういう理屈でかは知らないが、日本の学会（日本人のために開かれる学会）でも、参加者に外国人が混ざっている場合には英語が公用語となることが多い。こんな状況なので、例の性癖から私は、英語以外の言語の勉強には見切りをつけてしまっていた。また、自分に「関係のない」ミクロ系の分野の勉強も全然しなかった。

おかげで、東大大学院の面接試験（筆記試験の翌日に行われた）は修羅場となった。植物学教室の全教官を相手に、受験生が一人ずつ面接試問を受ける。ミクロ系の問題は完璧に零点（点を見たわけではないが間違いなくそうだったと思う）で、しかも、書きなぐったような文字が並んでいたこと（これは、ただ単に時間が足りなかったから）が、かなりの先生方のお気に召さなかったようである。私はそのことを激しく非難された。それに対して私も徹底的に反論した。

「そんなの人それぞれでしょう。」

ものすごい言い草である。しかし当時の私は大まじめに、マクロ系の分野の知識しかないことを誇りを持って弁護した。端から見ると、面接試験という雰囲気ではなかったと思う。ある教官は、「こいつは駄目だ」とばかりに苦々しげに首を振っていた。それでも合格したのだから、未だに世の中がわからない。

実を言うと、私の考えは今でもさほど変わっていない。知識というものは、上から押しつけられて身につけるものではなく、身につけたいと自分で思うからこそ身につけるものだと思う。だから、幅広い知識を身につけたい人は幅広く勉強すればいいし、狭い分野に集中したい人はそうすればいい。もちろん、どの知識を身につけるべきかという判断に失敗することもあるであろう。また、身につけるべき知識を探すこと自体が勉強でもある。だからと言って、ある知識を身につけることを頭ごなしに強要してよいのか。人に知識を授けたいならば、その知識がその人にとって必要であることをまず始めに説得するべきである。そして、その知識を身につけようとするかどうかの判断はその人の責任である。個性を伸ばすことの重要性——画一的教育からの脱却——が訴えられて久しいのに、どうして、「生物学を志す人は生物学の幅広い知識を身につけなくてはならない」と、画一的な知識を押しつけるのだろうか。もう一つ思うのは、ミクロ系生物学の分野を私が志望していたら事態はまったく異なっていただろうことだ。マクロ系の知識がゼロであることがばれてもさしてお咎めはなかったであろう。この違いを正当化する説得力ある理屈にお目にかかったことがない。

5　大学院での研究テーマを考える

東大植物園の研究室にいくことを決めた四年生の秋、京大で植物学会が開かれた。学会とはどういうものなのか体験しようと聴衆に紛れていた私は、会場で、東大植物園の助手であった矢原徹一さんにお会いした。私は、草よりも樹木が好きで、カエデの研究をしたいというようなことを話したと思う。どういうテーマでやりたいのかという問いに、

「大学院に入ってからゆっくり考えます。」

それに対して矢原さんは、「こんなこと言っているよ――」と嘆き、「大学院に入るまでにテーマを決めておくように」と言い渡した。なんて勝手な人なんだ――ではなく、なんて厳しい人なんだと今度はこっちが驚き、内心びびってしまった。

それからの私は、三月三一日までにテーマを決めなくてはという強迫感にさいなまれた。そして、植物生態研究施設の先生や大学院生に、大学院での研究テーマについて相談を仰いだ。植物分類学研究室の先生方の元へも相談に伺った。私は、生態学と系統進化学の中間的なことがやりたいことや、ある性質が進化した意味を探りたいというようなことを述べたと思う。植物分類の先生は一言、

「危険だな。」

私が考えているようなことをやりたければ、農学部にいって育種学を専攻するべきであるという。

「たとえば葉に毛が生えていたとする。我々分類学者にとって重要なのは、毛が生えていること、それゆえに他と区別がつくことなんだ。どうして毛が生えているかなんてどうでもいいんだよ。」

正直なところ、私はこの話しに不満を覚えた。確かに、植物を「分類」するためだけならば、花や葉の形や色、毛の有無といった形質を用いて、同じ形質を持つものをまとめていけばいいであろう。形

質が存在する進化的意義なんて問う必要もない。しかし分類学は、生物の進化を研究するための学問のはずである。ある形質が存在する理由はどうでもいいだなんて——。私は、どうして毛が生えているのかを知りたかった。どうして、ある植物では「葉に毛が生える」という性質が進化し、別の植物では「葉に毛が生えない」という性質が進化したのか。毛が生えていることの適応的意義は何なのか。毛が生えていないことの適応的意義は何なのか。毛の有無が、植物の生き様にどのように関わっているのか。

ついでに言うなら、私がこのとき抱いた不満は今はすっかり解消している。生物を分類するという行為は、進化学とはまったく無縁に行うことも可能であることを教えられたからだ。たとえば家具を分類してみよう。机・椅子・食器棚・本棚。これらをちゃんと定義して分類するのは案外むずかしいけれども、まあ分類可能であろう。一方、それぞれの家具にはそれぞれの発展の歴史がある。時代とともに素材や形も変遷してきている。しかしこうした家具の進化の歴史は、今あなたの部屋にある家具を分類するために必要な情報ではない。歴史など知らなくても分類できるからだ。逆に、家具を分類したからといって、家具の進化の歴史がわかるわけでもない。同様に、机の足がなぜ四本あるのか、その機能的な理由（機械的安定性とか）を知らなくても、四本あるという情報は分類形質に使うことができる。三本足とか五本足とか、いろいろな可能性の中からなぜ四本足が選ばれたのかを知る必要はない。

結局私は、カエデ科稚樹の形の比較生態学を大学院での研究テーマにすることにした（どういう目的でこの研究を行ったのかについては、次の章で説明する)。そして、さきに紹介した卒業研究に取り組んだわけである。

余談。当時の東大植物園の研究室は、京大の植物分類学研究室出身の人が主要メンバーであった。岩槻邦男教授は私が三年生のときに京大から移り、加藤雅啓講師と矢原徹一助手はそれより少し前に東大へ移っていた。だから、京大の植物分類学研究室の大学院生は、三人をよく知っているわけである。そして言われたのは、

「よく、あんな怖いとこにいくなあ。」

私は、同様な証言を複数の人から得ていた。三人とも、研究に対する批判がするどく、セミナーで生半可な研究発表をしたものはとても辛い目にあうという。たとえば、加藤さんが、研究発表を黙って聞いていて発言しないのは、内容を理解していて質問の必要がないからではない。つまらないからである。そして一言だけ言うという。

「やめい。」

それはまさに、堅気とは思えない迫力であるらしい。その後、加藤さんには大変お世話になることになる。研究上の厳しさは噂どおりであった。しかし実際には、「やめい」と一言で済ましたりはせず、どこが悪いのかちゃんと指摘して下さった。気さくな人柄で信頼感も抜群。私はずいぶんと酒を飲ま

せてもらった。

第二章◎仮説を描くまでの日々

1　カエデ科の比較生態学をやろう

当時、植物園の研究室は、本郷にある東大総合研究資料館（現総合博物館）に間借りしていた。植物園の本館（研究室がある建物）が改装工事中であり、使用できなかったからである。一九八四年三月、卒業を間近に控えた私は、間借り中の研究室を訪れ卒業研究の内容をセミナーで発表させてもらった。すでに書いたように私の卒業研究は、何のためにやっているのかがわからず、おまけに、データからとても言えないことを言ってしまうものであった。こうした「言い過ぎ」は、当時の京大の生態学研究室の伝統であったそうだ。言い過ぎることが、本当に面白い発見のきっかけとなるというわけだ。だから、私のセミナーを聞きながら、東大植物園研究室の京大出身のメンバーは懐かしさに浸っていたという。しかし当然、そうした伝統を知らない人からはずいぶんと批判を浴び、私の将来を心配させるに十分であった。

セミナー終了後、大学院での研究内容について矢原さんと簡単に話をした。私は、ハウチワカエデとコハウチワカエデの二種間の比較生態学をするつもりであった。名前が一文字しか違わないことからもおわかり（そうか？）のように、この二種は生態的にけっこう似ている。しかしそれでいて微妙な違いがあるように私は感じていた。一言でいうならば、ハウチワカエデの方が耐陰性が強く、より暗いところに生育しているという印象である。

「ハウチワカエデとコハウチワカエデの比較生態学がしたいです。」

「それは賛成できないなあ。比較生態学をやるならば、カエデ科全般を広く比較するつもりでないと。」

「わかりました。」

あっさり敗れた私は、もっとたくさんのカエデ科の樹木を研究対象にすることに決めた。その後、何か奢ってくれるまで絶対に帰らないという気迫で矢原さんに食らいついたら、寿司をご馳走して下さった。ありがとう。

2　日光植物園

東京大学理学部附属植物園には、小石川本園と日光分園という二つの植物園がある。小石川本園（通称小石川植物園）は、一六八四年設立という歴史ある植物園である。東京都文京区白山という街中――赤ひげで有名な、徳川幕府の小石川療養所があったところ――に位置する。研究室のほとんどの人は小石川本園に常駐していた。日光分園（通称日光植物園）は栃木県日光市にある。町の方へ車で五分もいけば東照宮があり、山の方へ車で三〇～四〇分いけば、中禅寺湖や華厳の滝があるという観光地である。研究者としてはただ一人、当時講師であった加藤さんが常駐していた。その他に、湯沢武夫さん・根本正一さん・高橋弘行さん・平井一則さんら植物の管理をする技官の方々、柴田久仁子さん・滝沢貴美子さんら事務の方々がいた。

カエデ科の研究をすることにした私は、調査地として日光を勧められた。日光分園内には宿泊施設があるし、園内には、ほとんどすべての日本産のカエデ科の樹木が植栽されている。日光分園から間近に見える女峰山や男体山、男体山の裾野に抱かれた中善寺湖畔には、たくさんのカエデ科樹木が自生している。奥日光の白根山や湯の湖畔にいけば、高山に生えるカエデ科樹木、オガラバナやミネカエデもたくさんあった。カエデ科の研究をする上で申し分ない環境である。

とりあえず私は、京大卒業前の三月に日光分園を訪れた。宿舎として使われている建物は由緒ある木造平屋建てである。掘り炬燵のある居間と八畳ほどの畳部屋が八間ほど。それに板敷きの台所と、その奥には二間続きの使用人部屋のようなものがあった。後に私は、この使用人部屋を自分専用の部屋として使わせていただくことになる。そして実際に、使用人として奉公するはめにもあった。――何年か後の夏、某大学の学生実習生は、私が入ろうと沸かした風呂に、「あなたが沸かしてくれたのですか、どうもありがとうございます」といってどやどやと入ってしまった。そして自分たちが入り終わったら風呂の栓を抜いてしまった。それはともかく、春から秋には、いろいろな大学の研究者がここに滞在したり、学生実習の宿舎となったりする。しかし、こんな季節に訪れる人はめったにいない。日光の春は遅く、台所の板敷きは氷のように冷たかった。案内して下さった柴田さんは、靴下だけでその上を平然と歩く。私は、足の裏を丸めながら柴田さんのあとに従った。宿舎から三〇メートルほど離れたところに研究室がある。赤い屋根の瀟洒な建物で、中善寺湖畔のとあるホテルには、この研究室を描いた絵が飾られていた。研究室内には、八畳ほどの大きさの板敷きの部屋が二つと暗室が一つ。いちおう二階もあるが物置代わりである。私は、研究室にいた加藤さんに正式に挨拶した。研究資料館で行われたセミナーに加藤さんも出席していたはずであるが、ちゃんとお会いしたのはこの日が初めてであった。分園の敷地面積は約三万二千坪。そこに、日本の冷温帯の植物を中心に約二千二百種が植栽されている。園内には、自然状態に保たれた林もあり、そこには、オオモミジ・ハウチワカエデ・ウリハダカエデなど日光に自生するカエデ科の樹木もたくさん生えている。この日、日光分園における研究生活が始まった。

3　研究とは

ある研究を行うときには、何を解明したいのかという目的がなくてはならない。これはすでに書いたことだ。そして実を言うと、目的がありさえすれば研究として成り立つわけでもない。たとえば、ハウチワカエデとコハウチワカエデの林床の稚樹の枝の長さを測るとする。その「目的」は、暗い林床において両種の稚樹がどれくらい枝を伸ばすのかを明らかにすることである。測れば何らかの結果はでるだろう。コハウチワカエデでは一年に平均三センチメートル伸びていて、ハウチワカエデでは一年に平均七センチメートル伸びていたとか。しかしこれで、なんらかの自然現象を解明したと言えるのだろうか？「枝が伸びる」ことは確かに自然現象であるから、その伸び方がどんなものか解明した？――多くの人は、それがいったい何なんだと思うであろう。だからどうしたと。「目的があるつもりに本人はなっているけれども、他者から見ると目的のない研究」とは、こういう研究を指すのだ。

ではどうすれば、目的のある研究として他者からも認めてもらえるのか？やられていなければよい？　私が大学院生であった当時、ハウチワカエデとコハウチワカエデの林床の稚樹の枝の長さを測った研究はなかった。そう聞いて、じゃあ（当時は）調べる価値があったと思うだろうか？　多くの人はやはり、いったい何のためにやるのと思うであろう。両種の枝の長さを測ることにはどういう科学的意義があるのかと。世の中には、わかっていないこと、まだ誰も調べていないことが無数にある。そして研究においては、わかっていないこと・やられていないことを調べる。新しいことを発見するのが研究なのだから、これは当たり前だ。しかし逆は真ならず。わかっていないこと・やられていないことを調べることすべてが、研究として成り立つわけではない。たとえば、ハウチワカエデの枝をペンキで黒く塗った場合の枝の伸長量と、ペンキで白く塗った場合の枝の伸長量の比較はやられていない。でもこれが、科学的意義のある研究とは誰も思わない。わかっていないこと・やられていないことをやる行為の内、一部のものしか研究としての価値を認められないわけである。つまり、「わかっていないから」「やられていないから」という理由だけでは、他者は研究として認めてくれない。

　研究として認めてもらうためには、そのことをやることにどのような科学的意義があるのか、どうしてそれをやるのかを明確にする必要がある。私が思うにそれは、自然界の法則を知ることにつながることを説明することだ。たとえば、ハウチワカエデの方がコハウチワカエデよりも耐陰性が強いとする（あくまでもたとえばの話）。そして、耐陰性の強いものの方が、暗い林床での枝の伸長量が大きいと予測を立て、これを実際に確かめる。これは、些細なことかもしれないが、耐陰性と枝の伸長量の関係に関する自然界の法則に関わることである。もっとも、こういった視点での研究は当の昔にやられていいるので、どこが新しいのかという批判を受けるであろうが。

研究の世界に入ったばかりの人間にとって、自分の研究の科学的価値を他者に示すことはとても難しいことである。往々にして、「わかっていないから」「やられていないから」やるという論理になってしまう。そして多くの場合、自分の研究の目的とその科学的価値を明確にすることなく研究を始めてしまう。でもそれを頭から駄目とは言えない。研究が完成して論文として発表するときに、その論文の中で科学的意義を明確に述べることができればいいからだ。研究を進めながら研究の意義を探すという同時進行に陥っても、最後につじつまが合っていればよしである。大学院での私も、この同時進行スタイルであった。

4　私なりの研究目的

それではまず始めに、大学院に入った当時の私なりの研究目的を話しておこう。私は、カエデ科を対象にどういう研究をするかを、はなはだ未熟ながら自分なりに考えていた。その思考の跡は、前述のノートに大学院一年生の春に記した書き付けに現れている。

◎カエデ科の問題点

○単軸分枝　イタヤカエデ・ウリハダカエデ・コミネカエデ

○仮軸分枝　ハウチワカエデ・コハウチワカエデ・イロハモミジ

すでに述べたようにカエデ科には、単軸分枝を主にするものと仮軸分枝を主にするものがある。両者の適応的意義の違いの解析が、大学院での研究において重要な位置を占めることになる。

○水分要求度

導管の構造　導管と仮導管の存在比

沢からの距離による出現頻度

沢からの距離による木部構造の個体変異と種間変異

導管・仮導管は、幹や枝の中を走っていて、水を葉まで送る器官である。導管の原始的な状態が仮導管であると言われており、同一種が、導管と仮導管の両方を持つこともある。私は、通水器官としては仮導管よりも導管の方が優れており、導管・仮導管の存在比とその種の水分要求度が関連するのではないかと考えた。ただしこれは、どなたかのまったくの受け売りであったと記憶している。そのせいかどうか、導管・仮導管の話はその後の研究ではまったくでてこない。

○耐陰性

○発芽条件
○稚樹期のすごし方　葉の開き方　枝分かれの仕方
○開花習性　何年おきに花をつけるのか
○受粉の仕方の違い　虫媒か風媒か　訪花昆虫の違い
○栄養繁殖をするのか　萌芽は
○耐雪性　根曲がりの度合い
○斜面の傾斜に対する適応性

ここまで来ると、思いついたことを書き連ねただけである。この内の三番目の項目、「稚樹期のすごし方　葉の開き方　枝分かれの仕方」が、今後の研究で発展していくことになる。

5　フィールド歩き

生き物を研究するためには対象となる生き物をよく知らなくてはならない。生き物が好きな人はほっておいても対象生物を詳しく知ろうとするであろうが、そうでない人は、意識して、対象生物を知ろうと努力する必要がある。私も、日光の山々を歩いてカエデの生き様をいろいろ観察することの必要性を感じていた。

私の場合、カエデの種類を覚えることから始めなくてはならなかった。すでに書いたように、日光分園には日本産のほとんどのカエデが植栽されている。また、周辺の山々にもたくさんのカエデが生えている。それらが、格好の生きた教材となった。私は、いろいろな種の枝葉を取ってきて、どこがどう違うのかいろいろ観察した。たとえば、一見似ているウリハダカエデとテツカエデの葉は、ウリハダカエデの葉はぱりっとしているけれど、テツカエデは表面がしわしわでふわっとしているとか。オオイタヤメイゲツの葉はハウチワカエデの葉に比べて作りが頑丈であるとか。ヒナウチワカエデの葉は、裂片の数が多くて円形に近いとか。定量的に示せと言われると困ってしまうけれども、カエデ科に関してだけは、「プロの分類学者」的な認知能力を身につけることができた。どんなカエデの葉も、数メートル離れたところから一目で同定できるようになったし、葉などなくても、枝を手に取ってみれば種がわかった。葉を手に取って、葉柄に毛があるかどうかを見ないと同定できないのはシロウトなのである。

もちろん、認知能力を身につけただけではカエデの生き様はわからない。カエデの生態的特徴をつかむために私は、林の中に入っていって、いったい「どうなっているのか」を観察した。「どうなっているのか」というのは漠然とした言い方であるけれども、この頃の私の観察は文字どおり漠然としたものであった。たとえば、カエデの成木の下に立って樹冠を見上げあたりを見回し、「どうなっているのか」を観察する。樹冠の形はどんな感じなのか、上層は被陰されているのか。生えている場所は沢沿いなのか尾根筋なのか。カエデの稚樹を見つけたら、まずは上層の様子を見やる。林冠ギャップの下なのか、被陰された林床なのか。主軸の伸び具合はどうであろう。毎年結構伸びているのか、それともほとんど伸びていないのか。伸びているとしたら、どういう方向に伸びているのか。まっすぐ上にか、水平に近い方向にか。そして枝を手に取っていろいろいじくってみる。分枝の仕方や葉の付き方に何か特徴はないか。枝を眺めながら座り込み、あれやこれやと研究上のことを考えたりもした。こうして、あちこちの林を歩きながら、気づいたり考えたりしたことをノートに書いていった。

私は当時、車の免許を持っていなかった。だから、寂光の滝・裏見の滝・鳴虫山など日光分園から数キロメートル以内のところには、三〇分とか一時間とかかけて歩いていった。日光分園の臨時職員の伊藤さんが十段変速の自転車を貸して下さったけれど、登り坂が延々と続くのに閉口して、徒歩の世界にすぐに戻ってしまった。中禅寺湖や湯の湖にはバスでいった。これらは、いろは坂というカーブ続きの道路を越えたところにある。普段は一五分くらいで通過するいろは坂も、観光シーズンには三時間もかかる大渋滞となる。日光分園事務官の柴田さんは日光の生き字引のような方で、まるで見てきたかのように、今、渋滞しているかどうかを教えて下さった。そして本当にそのとおりなのだからすごかった。バスに乗るには、バス用の金券を買うのが割り得であった。私も、日光分園のそばの雑貨屋さんでバス用金券を買っていた。この雑貨屋のおばさんは気前が良くて、飴とかキャラメルとかをおまけにくれる。大学院生にもなってもらってよいものかと思ったけれど、しっかりと手は差し出していた。

6　クリッチフィールドさんの論文との出会い

私には、座右の論文がいくつかある。その論文から大きな影響を受けたくさんのことを学び、自分の研究史に深く刻み込まれている論文。印刷物という姿をした師匠とも言える存在である。ウィリアム・クリッチフィールドさんが一九七一年に書いた、「カエデ属におけるシュートの生長と異形葉性」[2]（原文英語）が、私にとって最初の座右の論文となった。ここでシュートとは、枝葉のことと思っていただければよい。一言で言うならばこの論文は、冬芽の中に入っている胚葉が、開芽して葉へと成長していく過程を観察したものである。アメリカハナノキやペンシルバニアアカエデなど、アメリカのカエデを中心に詳細な観察がなされている。

おおざっぱに言うと、冬芽の中には、翌年に伸びる枝と葉が小さくしまい込まれている。春になって冬芽が開くと、しまい込まれていた枝が長く伸びるとともに葉が大きく広がって、当年枝としての光合成活動を開始する。しかし詳しく見ると、一口に葉といっても、冬芽の中に入っていたものと入っていなかったものがあるということを、クリッチフィールドさんの論文を読んで私は知った。図6は、

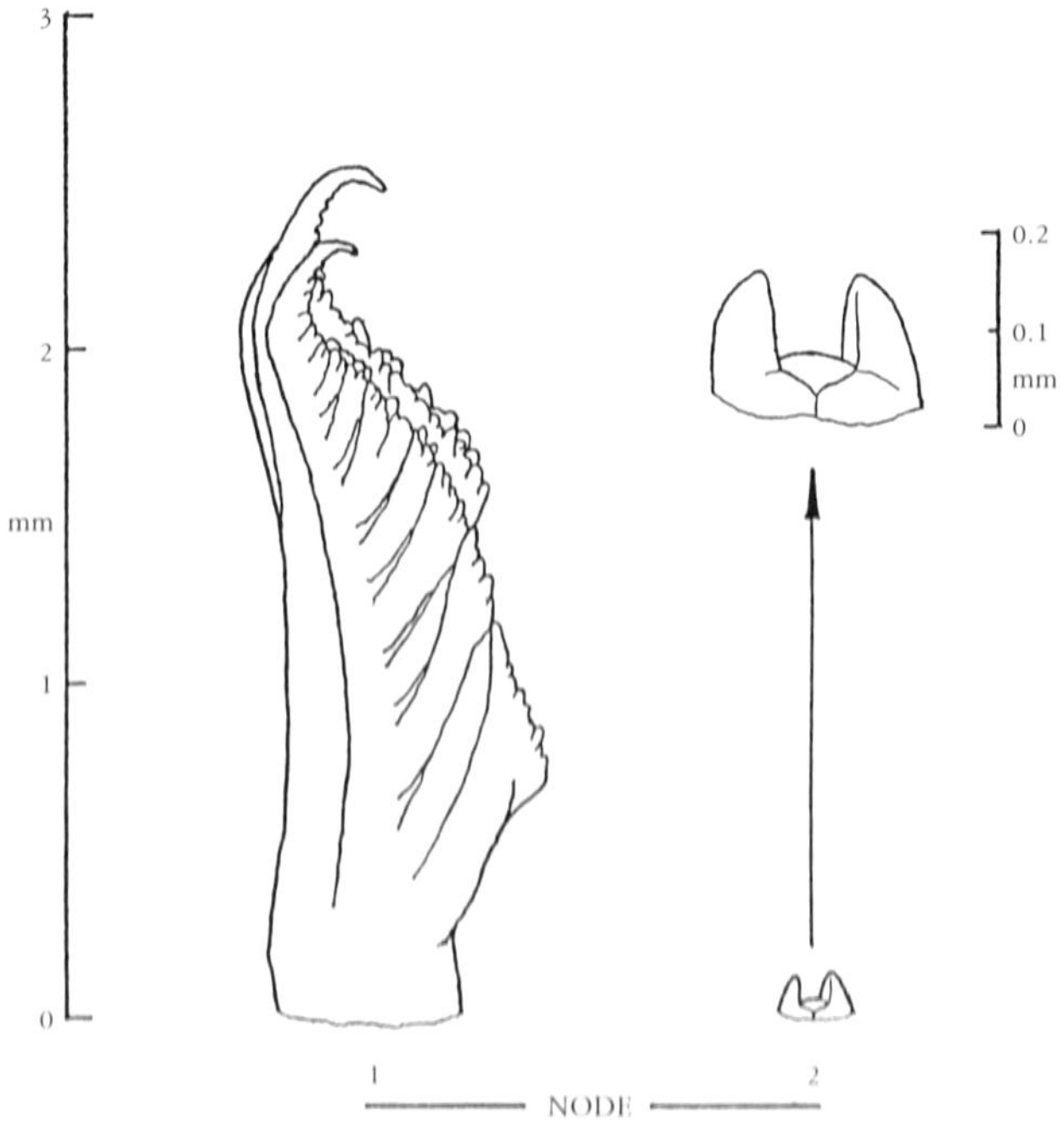

図6　ペンシルバニアカエデの胚葉（左）と葉原基（右）。カエデは対生であるので胚葉が対になって入っているのだが，この図では胚葉は1枚しか描かれていない。Critchfield (1971)より引用。

ペンシルバニアカエデの冬芽の中身である。左は、葉としてすでに分化している胚葉と呼ばれるものだ。その内側に、葉原基と呼ばれる（図6の右図）小さな突起のようなものがある（図7の左図も参照・胚葉と葉原基はそれぞれ一対ずつ入っている）。春になり冬芽が開くと、しまい込まれていた枝が伸び、胚葉が大きく広がって葉となる。葉原基の運命は、その冬芽がついている

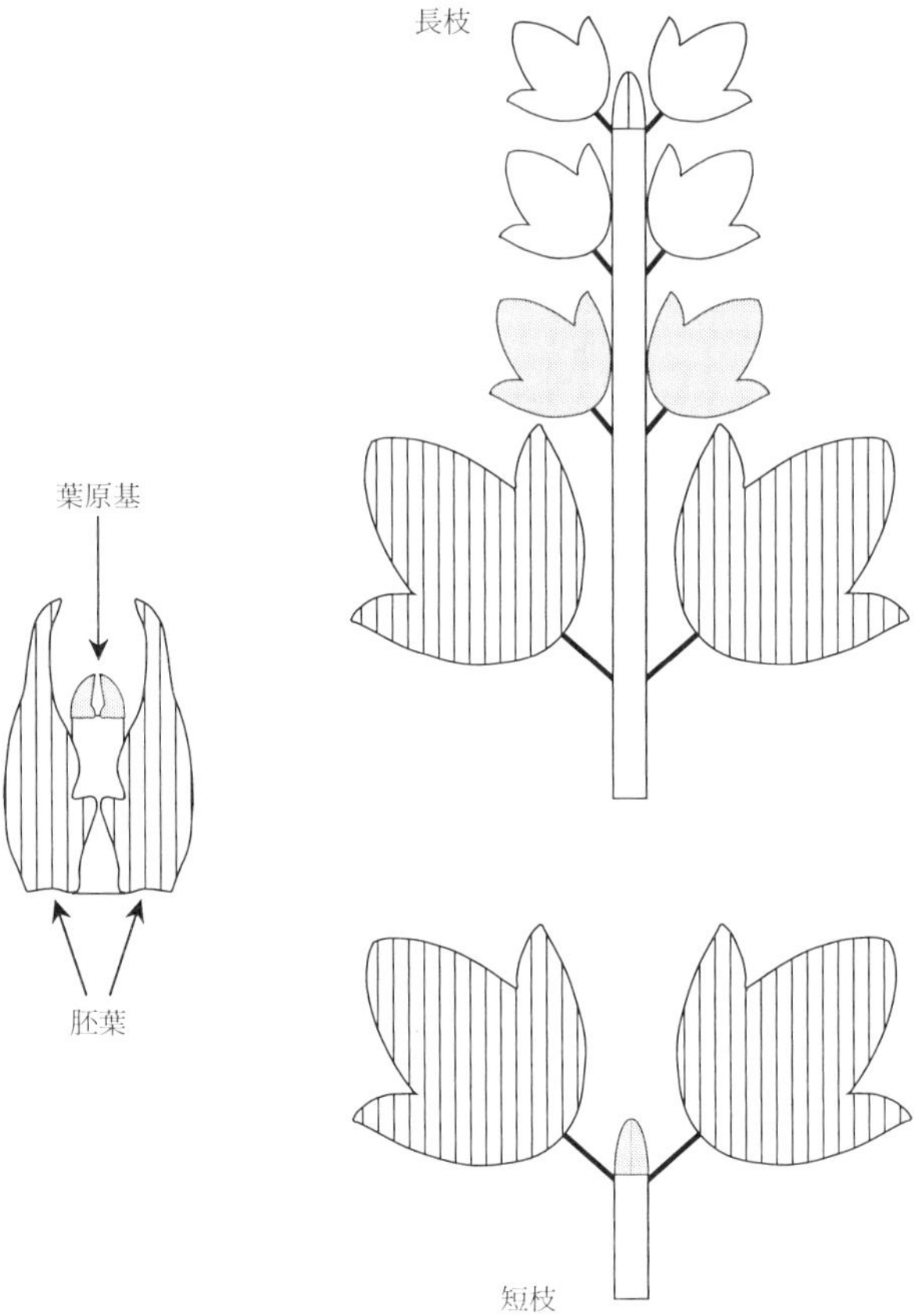

図 7　ペンシルバニアカエデにおける，胚葉・葉原基（冬芽の中に入っている）と長枝・短枝の模式図．長枝においても短枝においても，胚葉（縦縞）は 1 対目の葉（縦縞）に発達する．葉原基（灰色）は，長枝においては 2 対目の葉（灰色）に発達する．3 対目以降の葉は，冬芽の中にはなかった葉である．短枝においては，葉原基は，翌年のための冬芽の芽鱗（灰色）となる．なお図中では，腋芽（葉の付け根に発達）は省略している．

枝の光条件・栄養条件や、枝上での冬芽の位置によって異なる（図7）。まずは、光条件・栄養条件の良い枝の頂芽の場合を説明しよう。こうした頂芽は、葉を何対も展開させてぐいぐいと伸びていく。だから当然、図6の葉原基も葉へと発達していく。しかし冬芽の中には、胚葉と葉原基がそれぞれ一対ずつしかなかった。冬芽の中に用意されていた葉の赤ちゃんはこれで品切れである。これからあとは、枝が伸びながら、枝の頂端に新たな葉が形成されていく（図7）。冬芽の中にはなかった葉が、新たにどんどん生まれていくのである。そして多くの場合、冬芽の中ですでに胚葉として存在していた葉と、葉原基でしかなかった葉やそもそも冬芽の中にはなかった葉では、葉の形が異なる（図8）。これが、クリッチフィールドさんの論文のタイトルにあった異形葉性である。一方、腋芽や、光条件・栄養条件が悪い枝の頂芽では、葉を一対しか展開させない。胚葉が展開すれば葉の形成は終わりである。冬芽の

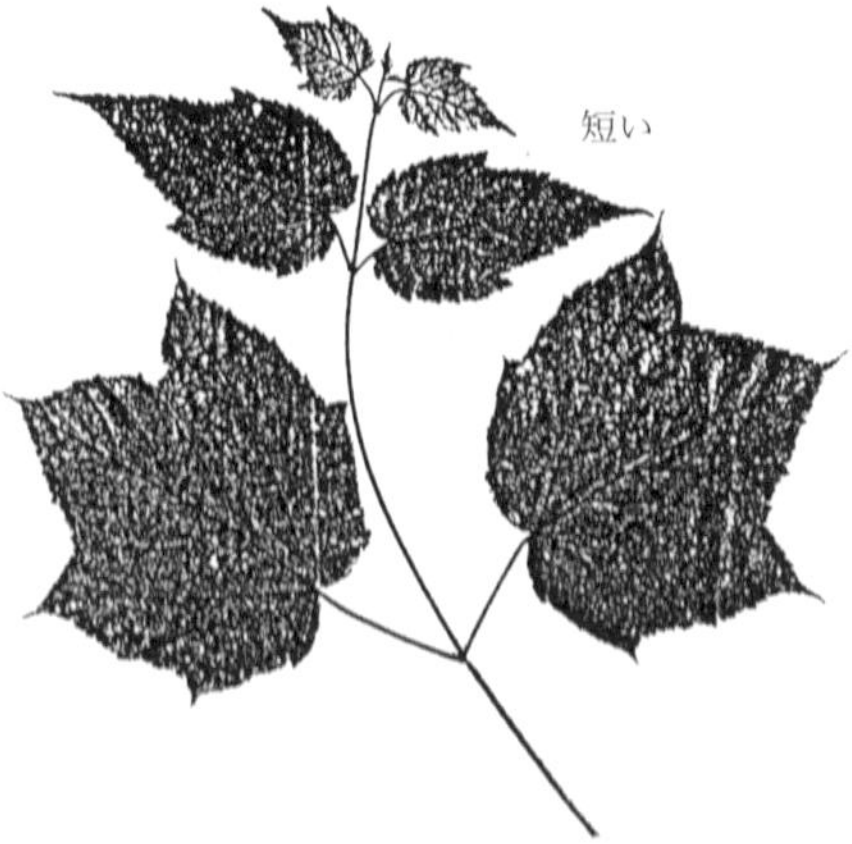

図8　ペンシルバニアカエデにおける異形葉．一番下の1対の葉は，冬芽の中に胚葉として入っていたもの．真ん中の1対は葉原基として入っていたもの．一番上の1対は冬芽の中にはなかったもの．Critchfield (1971)より引用．

中に入っていた葉原基はどうなるかというと、これは、芽鱗へと発達して翌春のための冬芽を包む器官となる（図7）。葉と芽鱗は相同な器官なのだ。そして、さらに内側にも芽鱗が形成され（ペンシルバニアカエデの場合、一つの冬芽は二対の芽鱗からなる）、新しい冬芽ができる。この場合、開いた葉は冬芽の中に胚葉として存在していたもので、冬芽の中になかった葉が形成されることはない。

冬芽の中に何対の胚葉が入っているのかということは種間でも異なる。カナダの国旗に描かれているサトウカエデでは、冬芽の中になかった葉が、枝の伸長とともに形成されることはない。開いた葉はみんな冬芽の中にあったものである。ではサトウカエデでは、どの枝も葉を一対しかつけていない？そんなことはなく、生長の良い枝ではたくさんの葉をつける。つまりサトウカエデでは、冬芽の中に用意されている葉の数が、冬芽間でそもそも違うのだ。光条件・栄養条件の良い枝の頂芽にはたくさんの胚葉が入っており、腋芽や、光条件・栄養条件の悪い枝の頂芽には少ししか胚葉が入っていない。そして、冬芽が開いて中の葉が開いたら葉の形成はおしまいである。

同じ数の葉を展開させるにしても、冬芽の中にすべての葉が入っている方が、入っていないものに比べて葉を展開する期間が短い。クリッチフィールドさんの論文には、ペンシルバニアカエデの葉の展開は二〜三ヶ月続くのに、サトウカエデの葉の展開は半月から一ヶ月で終わると書いてあった。サトウカエデでは、あらかじめ用意されている葉を広げるだけなのだから、葉の展開にかかる期間が短くて済むのも道理である。

7 冬芽を解剖してみる

日本の植生と北米の植生は似ていることで有名である。私の目には、ペンシルバニアカエデはウリハダカエデと似ていて、サトウカエデは、クロビイタヤという日本でも珍しいカエデに似ているように見えた。日光のカエデはまだ冬芽をかたく閉じている。冬芽をばらしてみよう。そう思い立ち、まずは手始めにウリハダカエデの枝を取ってきた。実体顕微鏡を覗きながら、枝についている冬芽の芽鱗をピンセットで一枚一枚はがしていく。ペンシルバニアカエデ同様、ウリハダカエデの冬芽も二対の芽鱗で被われていた。内側の芽鱗を取り除くと――。そこには、クリッチフィールドさんの論文の図(図6)とまったく同じものがあった。葉の形に分化している一対の胚葉と、角のような一対の葉原基。胚葉をピンセットで広げてみると、ちゃんと葉の形をしている。私は感動した。確かに、私のやったことは、論文に書いてあることを日本のカエデについてもやってみただけである。独創性などない。しかし、自分の目でちゃんと見たということ、これは私にとっては新しい「発見」であった。

他のカエデについても調べてみると、冬芽の中の胚葉の数(葉原基は含まない)に関して次のように類型化できた。

どの冬芽も一対　ウリハダカエデ・ホソエカエデ・ウリカエデ・コミネカエデ・ミネカエデ・ヒトツバカエデ

二〜三対　イタヤカエデ・アサノハカエデ・テツカエデ・オガラバナ・クロビイタヤ・オニモミジ・メグスリノキ・ミツデカエデ・カラコギカエデ・ハナノキ

冬芽によって異なる　ハウチワカエデ・コハウチワカエデ・オオモミジ・イロハモミジ・オオイタヤメイゲツ・ヒナウチワカエデ・チドリノキ

第一と第二のグループはみな単軸分枝をし、第三のグループは仮軸分枝をする。分枝の仕方と何か関係がありそうだ。しかし、クリッチフィールドさんの論文には、単軸分枝・仮軸分枝との関連性の記述はない。後に、この関連性、そして単軸分枝と仮軸分枝における枝の伸び方の比較が、私なりのアイディアと結びつく研究へと発展していくことになる。

8　葉の展開の様子を定期的に観察する

こうした類型化を踏まえて、私はまず、冬芽の中の胚葉数と葉を展開する期間の長さの関係について調べてみようと思った。冬芽の中に胚葉が一対しかない第一のグループでは、葉の展開を完了するのに時間がかかるであろう。それに対して第三のグループでは、その年に展開する葉がすべて冬芽の中に用意されていて、葉の展開にかかる期間が短いのではないか。そうすれば、光合成をする期間が長くとれて有利であろう。第二のグループは両者の中間なのかな。お気づきのように、こうした考えも、クリッチフィールドさんの論文の後追いである。しかし、日本産のカエデについても成り立つのかどうか、ちゃんと確かめておく必要がある。私は、日光分園に植栽されているカエデを対象に、葉の展開の様子を定期的に測定することにした。

まずは調査木選びである。生長の悪い枝に着いている冬芽だと、冬芽の中の胚葉を展開させてしまいなので、葉の展開にかかる期間の比較にならない。だから、生長が良くて葉をたくさんつける枝に着いている冬芽どうしで比べる必要がある。また、葉の長さを定規で定期的に測り伸長の様子をみるつもりだったので、手に届く範囲内の枝でなくてはならない。普通、生長が良い枝は樹冠の上の方についている。私は、脚立を抱えて日光分園内を歩き、生長が良くて、脚立に乗れば手が届く枝を探した。そして手頃な枝を見つけると、テープで印を付けていった。結局、一五種ほどのカエデを調査対象にすることができた。後は、春になって冬芽が開くのを待つだけである。

もう五月という頃、ようやく冬芽が膨れてきた。冬芽の中では、新しい枝と胚葉が水を吸って細胞を膨らませ始めているのであろう。こうして、枝が伸び胚葉が大きく広がっていく。カエデの場合、冬芽を包んでいる内側の芽鱗も一緒になって伸びる。伸びても意味がないのにどうして伸びるのだろう？　内側の芽鱗が数倍の長さに伸びたとき、芽鱗の合着部がとうとう割れて、新しい枝と葉が姿を現す（図9）。ほやほやの葉が姿を現したら、それをそっとつまんで、葉の付け根から先端までの長さを測った。このようにしてすべての葉の長さを記録する。これを、印をつけた枝全部に対して行う。そして、数日おきに同じ測定を繰り返した。芽鱗はやがて脱落してしまう。

葉の現れ方は想像したとおりであった。ウリハダカエデなど、冬芽の中に一対の胚葉しかなかったものは、当たり前であるが、この一対の葉しか現れなかった。イタヤカエデやオニモミジなど、冬芽の中に二～三対の胚葉が入っていたものでは、二～三対の葉が姿を現した（図9）。オオモミジなど、すべての葉が冬芽の中に入っていると予想されるカエデでは、冬芽の中からたくさんの葉がいっきょに現れた（図9）。これらの葉は二～三週間で生長を終え、一人前の大きさの葉となった。

それからしばらく暇な日が続いた。葉の長さを測っても変化がないし、新しい葉が出てくるわけでもない。一対しか葉を着けていないグループも、葉の展開を終えてしまったのだろうか。定期測定し

図9　オオイタヤメイゲツの展葉（左の上下）とオニモミジの展葉（右）．赤い芽鱗の間から，扇のように折り畳まれた若葉が現れた．オオイタヤメイゲツの冬芽にはその年に開く葉がすべて入っていて，開芽とともにそれらの葉が一斉に現れる．中に入っている葉の数は冬芽によって違うので，現れる葉の数もいろいろである．左上の写真は1対の葉が現れた例，左下の写真は3対の葉が現れた例．一方のオニモミジでは，どの冬芽にも2–3対の葉が入っていて，それらが開芽とともに一斉に現れる．

ていたウリハダカエデの内の一個体は、日光分園の出入り口と宿舎をつなぐ道沿いにあった。冬芽が開いてから一ヶ月くらい経ったある日、宿舎に向かって歩きながらそのウリハダカエデを見上げると、枝先に、小さな新しい葉がついていることに気づいた（図10）。大急ぎで脚立を取って戻り、観察している枝を手に取って見てみる。確かに二対目の葉だ。これはおそらく、葉原基と

図 10　ウリハダカエデの 2 対目の葉．大きく立派になっている 1 対目の葉の上に，赤ちゃんのように小さな 2 対目の葉が現れた．

して冬芽の中に入っていたものであろう。他のカエデはどうであろうか。私は、にわかに活気を取り戻して枝の観察を続けた。さあこれからどんどん新しい葉が出てくるぞと楽しみにしていたのだが——、最初に現れた葉群に加えて二対の葉が現れた枝が二〜三本あっただけであった。私が選んだ枝が悪かったのか、思ったほど、冬芽の中になかった葉が作られたりはしなかったのである。観察している枝のそばの枝では、けっこう新しい葉が作られていたりする。むかついたが今さらしょうがない。これではあまりいいデータにならないなあと落胆して、七月頃に計測に区切りをつけた。

9　研究室セミナー

小石川本園の研究室では、毎週月曜日にセミナーが開かれていた。セミナーとは、研究室の全構成員が参加して行われる研究会・勉強会である。大学院生にとっては、セミナーの履修が、課程修了のために必要な単位の一つとなっている。だから、セミナーのやり方は違うにしても、どこの研究室でも行われているはずのものである。東大植物園の場合、研究室の全構成員に対して、発表担当者が、自分の研究成果や自分の研究に関連する論文を紹介するという形式であった。発表担当は毎回二名で順番に回ってくる。身分によってノルマが異なり、教官は年に一〜二回、研究時間が有り余っているはずの大学院生は年に四〜五回発表担当となった。

このセミナーには三つの目的があったと思う。一つ目は、発表者が、自分の研究に対する意見や批判を仰ぐことで、研究をする上での参考とすることである。よい研究をするためには他者の意見や批判は欠かせない。研究の狙い・調査実験方法・得られたデータ処理の仕方・結果の解釈と考察・今後の研究計画などなど。自分の研究なのだから、これらのことを自分で主体的に考え実践していくのは当たり前だ。しかし、自分の力で主体的にやることと他者の意見を聞かないことはまるで違う。セミナーの参加者は、それぞれの研究経験・知識を持っている。それを自分のために使わない手はないであろう。また、自分のやっていることは自分自身が一番知っているのが普通だ。それは同時に、自分のやっていることに一番慣れてしまっているのも自分自身であるということだ。慣れは、判断の偏りをもたらす。たとえば左のような単語があったとしよう。

Ｊ１昇格　ベガルタ仙台　行政の支援　二〇〇二年　まで

ベガルタ仙台を、二〇〇二年ワールドカップの試合を宮城県へ誘致するための道具としか見ていないお方がいらっしゃるとする。そしてこのお方は、ワールドカップを利用して宮城県を世界に売名することばかり考えていたとしよう。だからこのお方には、これらの単語からこんな文しか思い浮かばない。

Ｊ１昇格（を目指す）ベガルタ仙台（への）行政の支援（は）二〇〇二年まで

しかし同じ単語から、

行政の支援（を受けた）ベガルタ仙台（は）二〇〇二年まで（に）Ｊ１昇格

という発想だってできるではないか。ワールドカップの日本開催は喜ばしいことだ。しかし、ワールドカップが終わったらそれでおしまいではなんの意味もない。ワールドカップは一つの通過点でしかない。誰もがごく自然に地元のチームのできを語る日を迎えるための、サッカーが生活の一部となる日を迎えるための、日本にサッカー文化が根付く日を迎えるための通過点である。先のお方の場合、「ワールドカップ＝売名の機会」という思考に慣れてしまっている。だから、他の発想が思い浮かばない。長い間そのこと（自分の研究）に携わっていると、自分の思考に慣れきってしまい、（自分の研究に対して）異なる角度からの見方ができなくなるということだ。それに対して他者は、その人の研究に対して慣れ親しんでいるわけではない。だからごく自然に、異なる角度からものを見てくれる。自分が見過ごしていた点に気づいてくれたり、正しいと思いこんでいた論理の欠陥を指摘してくれたり。他者の意見や批判は、自分の研究に対する慣れを拭い去り、新たな目で研究を見直す役割も果たしてくれる。

もちろん他者には、その研究に対する自分の意見を言うことが求められる。その他者が、教育する立場にある人ならば、悪い点を指摘し改善案を示すことは義務であると思う。たとえば昔、テレビドラマでこんな場面を見た。そのドラマは、とある超人気漫画の作者が駆け出しの頃の話であった。主人公の駆け出し漫画家は、後に夫となる編集者に原稿を見せる。編集者は、「こんなの駄目だ」と冷たく突き放す。「どこが駄目なんですか」と詰め寄る主人公に、

「甘ったれないで下さいよ。」

思わず私はがくっときてしまった。この編集者を、「仕事に厳しい人」として肯定的に描いていること

に気づきなおさら驚いた。私に言わせれば、甘ったれているのは編集者の方である。「駄目」と言うだけならば、どこかどう駄目なのかを相手に説得するという、面倒で知力を用いる作業をしなくていいからだ。そして原稿が悪いうちは「駄目」「駄目」「駄目」と言い続け、良くなったら、「よし、良くやった。頑張ったな」と肩をたたいて誉めてやる。苦労した当人は、「この人のおかげ」とどういうわけか思いこみ感謝する。自分はなにもせずに感謝してもらえるのだから、こんなおいしい商売はないであろう。しかしこのようなことは、教育の場では許されない。発表者に対して、その研究に関する自分の意見を言うこと――その研究について議論すること――は、その人の研究を向上させることにつながる（「駄目」と言うだけでは、議論ではなく悪口である）。それは、発表者が自分一人で悶々としていてはとうてい成しえないものだと思う。ならば、自分の意見を隠す――議論をしない――理由はどこにもないではないか。

さて、セミナーの目的の二つ目と三つ目に移ろう。二つ目は、自分が他者の立場に立ったときに関することである。人の研究発表を聞くことは、自分の論理的思考力を鍛えることにつながるのだ。このことを明らかにするのにこういう実験計画で十分なのか、データの解釈は妥当か、このデータでこう結論して良いのか。人の研究を批判的に聞くことにより自分の頭を養う。こうした論理的思考力が、研究を行う上で不可欠なことは言うまでもない。三つ目は、研究に関する新しい情報を仕入れるということである。それぞれの発表者は、その人の研究課題に関して最先端の情報を得ているはずである。だから他者の発表は、自分が専門的に勉強していない分野に関する情報を得るのに役立つわけだ。

植物園のセミナーは怖かった。自分が発表担当になると、その時点までにまとまっている研究成果を話す準備をする。私は準備をしながら毎回、「なんて面白い研究なんだ」と得意であった。しかしセミナーで発表してみると、いつもぼろぼろの批判にさらされた。教官が恐いという話は聞いていたが、村上哲明さん・綿野泰行さんといったもっと恐い大学院生（村上さんはセミナーに参加していたけれども、所属は他の研究室であった）がいるとは聞いていなかった。前髪を左手で押さえ、ピストル型にした右手で相手を指さしながら批判を繰り出す村上さんの姿は、銅像にでもして村上哲明記念館に飾っておきたいものであった。

10　ウリハダカエデのひらめき

葉の定期観察を七月に終えた後、知床へと私は旅立っていった。京大時代の先輩、松井淳さんの調査の手伝いにいったのだ。そのため、自分の研究は二ヶ月ほど中断した。

知床から帰ると、日光分園に通う生活がまた始まった。日光分園内や近辺の林の中を歩き、カエデの成木を見上げたり稚樹を手に取ったりしながら、何か面白いことはないかと考える日々が続く。しかしマンネリ化したせいか、カエデを見ていても頭が眠っているようなことが多かったと思う。

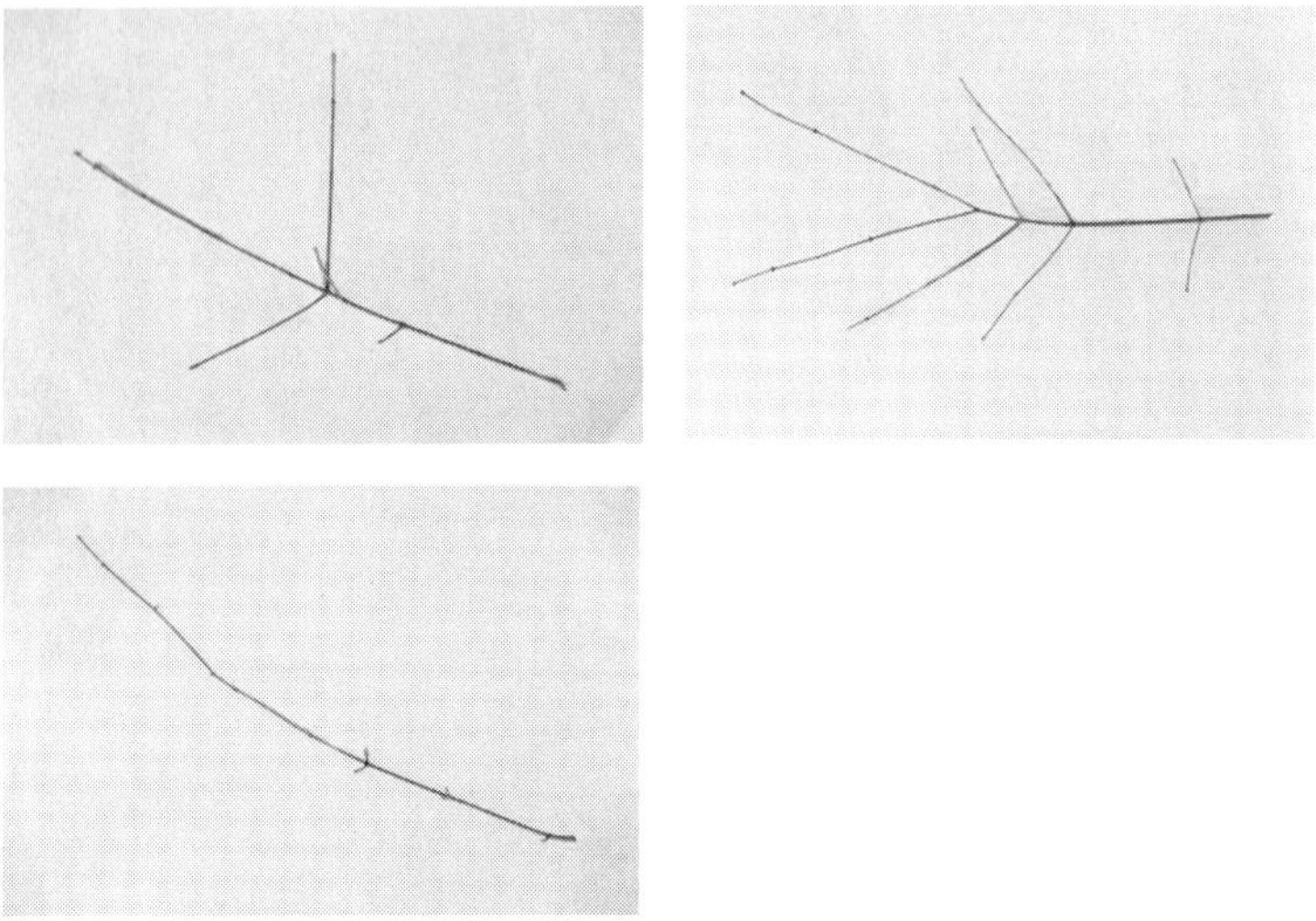

図11　イタヤカエデ（左上）・ウリハダカエデ（下）・オオモミジ（右）の生長の良い枝.

ある日、寂光の滝への道すがら、道ばたで元気良く生長しているウリハダカエデの稚樹が目に留まった。そして、まっすぐ上にすっと伸びている姿が、映像として脳に直接写ったような感じを受けた。稚樹の主軸（幹）を手にとって見てみる。そして、主軸の上に着いていた冬芽が、開芽してどれくらいの長さの枝に発達しているのかを見てみた。すでに書いたようにウリハダカエデは単軸分枝をする。つまり、枝の頂端に頂芽を着け、葉の付け根（葉腋）に腋芽を着ける（一八頁の図3）。頂芽由来の枝はまっすぐ長く伸びていて、腋芽由来の枝はとても短かかった（図11）。おそらく、腋芽由来の枝の生長を押さえ込むホルモンが分泌されているのであろう。頂芽は長枝に発達し、腋芽は短枝になるという分化が起きているのである。ウリハダカエデでは長枝と短枝が分化していることは、京大での卒業研究のときに気づいていた。しかし、頂芽＝長枝・腋芽＝短枝という関係は見逃していた。寂光の滝への道は何度も通っているし、この道以外の場所でも、生長の良いウリハダカエデの稚樹をたくさん見てきている。しかしそれまでは、ただ見ていただけなのかもしれない。マンネリ化した観察への危機感からか、このときは、「眼を開け」と自分に命じていたように思う。初めて、発見しようという思いでカエデを観察していたのだ。

さっそく、他のカエデの生長の良い稚樹も観察してみた。まずはオオモミジだ。オオモミジは仮軸分枝をする。だから枝には、頂芽はなく腋芽しか着いていない（ただし、生長の悪い枝は頂芽を着けて単軸分枝をする）。頂芽がないのだから、腋芽の生長を押さえ込むホルモンの分泌の具合もウリハダカエデとは違っているかもしれない。一本の枝に着いてた腋芽由来の枝の伸長量を比べてみると、枝の先端に着いていた腋芽由来の枝から根元に着いていた腋芽由来の枝に向かって、枝の長さがだんだん短くなっていることがわかった（図11）。オオモミジでは長枝と短枝が明瞭には分化しておらず、その長さが徐々に変化していることは、京大での卒業研究の時にすでに気づいていた。しかし、一本の親枝から発達した新しい枝の間でこのような分化が起きていることは、迂闊にもこのときようやく気づいたのである。

イタヤカエデも調べてみた。このカエデは、ウリハダカエデ同様に単軸分枝をする。しかしどうも、枝の伸び方がウリハダカエデとは違うようだ（図11）。頂芽由来の枝はなるほど長く伸びている。それに加えて、先端の方に位置する腋芽由来の枝もけっこう長く伸びている。根本の方に位置する腋芽由来の枝はあまり伸びない。つまり、オオモミジの枝ぶりに、長く伸びる頂芽由来の枝を加えたような感じである。単軸分枝か仮軸分枝かということと、長枝と短枝の分化の度合いという組み合わせで分けると、三番目の型ということになる。

他のカエデも、これら三つの型のどれかに当てはまることがわかった。ただし論文にするときには、枝の長さの変化をきちっと測ってデータにする必要がある。この時点でデータ化はまだできていなかった。

クリッチフィールドさんの論文は、冬芽が開いて葉を広げる過程を調べたもので、こうした分枝のしかたの違いは調べていない。彼の真似ばかりしてきた私が、自分なりの世界にようやく踏み出したところであった。

11 仮　説

日光分園内や野外でのカエデの観察もそろそろ煮詰まってきたようである。自分の頭を整理して、これからの研究方針をまとめるときが来た。料理にたとえてみよう。私は、カエデを素材に新作料理に挑戦する板前である。しかしカエデのことはなにも知らない。だから、どういう素材があるのか見て回ったり、一つ一つの素材を手にとって味見をしたりして、素材の特徴をメモしてきた。これが今までやってきたことである。しかし、素材の特徴を調べ続けるだけでは料理はできない。素材の特徴メモをめくって役に立つ情報を選び出し（メモしたことの多くは役に立たないことが普通だ）、どういう料理（研究の結論）を作るのかを思い浮かべる。そしてそのためには、どういう手順で料理していくべきか（どういう調査実験をするべきか）を考える。これが、これから私がやろうとしていることだ。ここで大切なのは、どういう料理（研究の結論）を作るのかを、料理を始める前（本格的な研究を始める前）に明確にすることである。なにも考えずに素材を焼いたり蒸したりしては、でき上がった料理はろくなものにはならない。これは研究でも同じなのだ。もっとも研究の場合、始めに思い描いたとおりの結論が得られるとは限らない。こうなると予想してやった調査実験の結果が、予想とはまったく違うこともよくある。始めに思い描く結論は仮のもの――仮説――である。

前もって仮説を立て、それを検証するための調査実験計画を練ること。これは、良い研究をするために欠かせないことである。こう書くと、研究は料理とは違うのだから、いろいろ調べた中から何かの結論を導けばいいではないかと思う方もいるかもしれない。しかしそれは間違いである。たとえば、前もって仮説を立てずに、単軸分枝をする種の稚樹の伸長量とか、どれくらいの大きさのギャップを利用して世代更新しているのかとか、いろいろなことを調べたとしよう（かりに、A・B・C・D・Eという五種類のデータを取ったとする）。そしてこれらのデータから、「単軸分枝は明るい環境で世代更新することに適している」と結論したとする。ここで逆向きに考えてみて欲しい。「単軸分枝は明るい環境で世代更新することに適している」という仮説を検証（結論を支持）するためにはどういうデータが必要か。A・B・C・D・Eであろうか。いやおそらく、検証のための最善のデータはA・B・C・F・Hであるといったように、A・B・C・D・Eと完全には一致しないことがほとんどであると思う。なぜならば、なにも考えずに取ったデータ（A・G・S・T・VとかB・F・J・I・KとかH・L・N・P・Q）が、最善のデータ（A・B・C・F・H）と偶然に一致する確率はほとんどゼロだからである。A・B・C・D・Eというデータも、「単軸分枝は明るい環境で世代更新することに適している」という仮説を考えて取ったわけではなかった。だからこの場合も、最善のデータと一致する可能性は非常に低いはずだ。つまり、仮説（結論）を前もって立てて調査実験計画を練りデータを取ることが、その仮説を検証（結論を支持）するのに最善のデータを取る一番の方法なのだ。仮説を立てずに研究を始め、データを見てからものごとを考えるという姿勢では良い研究はできない。

また、仮説を明示してそれを検証する形の研究は、他者から見てわかりやすいことが多い。すでに書いたように、他者が一番苦悩するのは目的がわからない話を聞かされることである。仮説が明示されていれば、あなたの研究の目的（その仮説の検証）が理解できる。そして、それぞれの調査・実験の目的（仮説のどの部分を検証するためのものか）もつかみやすいであろう。

それでは、私が描いた仮説を紹介する。なお、以下の話はあくまでも仮説であり、この時点ではちゃんと確かめられていなかったことである。

まず改めて、私が何に着眼したのかを述べておこう。カエデ科は、北半球の温帯林において多様な種分化を遂げている樹木である。日本の林を見ると、同じ林内にたくさんのカエデ科樹種が共存していることが多い。これはきっと、生態的な性質が多様に分化していて、そのためにうまく共存できているのだろう。では実際に、カエデ科樹木の生態的性質はどのような分化を遂げているのか？　それを解く手がかりとして私は、稚樹の分枝伸長様式の多様性に着眼した（第一章で「稚樹の形」と呼んでいたことと「稚樹の分枝伸長様式」は、（本書では）同じことを指すと思っていただいてよい）。前にも述べたように、稚樹がどのように分枝をして伸長をしていくのかということは、その稚樹が成木へと成長していく姿そのものである。だから稚樹の分枝伸長様式を調べることは、その種がどういう環境で世代更新しているのかを知る鍵となるかもしれない。そして、それぞれの樹種において、次世代を担う後継木がちゃんと育っている――世代更新がうまく行われている――ことは、樹種が共存していく必要条件である。私は、稚樹の分枝伸長様式の多様性に着眼して、それぞれの樹種の世代更新戦略の違いを明らかにしようとした。

では具体的にはどういう仮説を描いたのか。私は、カエデには次の三型があるのだろうと考えた（図12）。

単軸分枝伸長型

単軸分枝拡大型

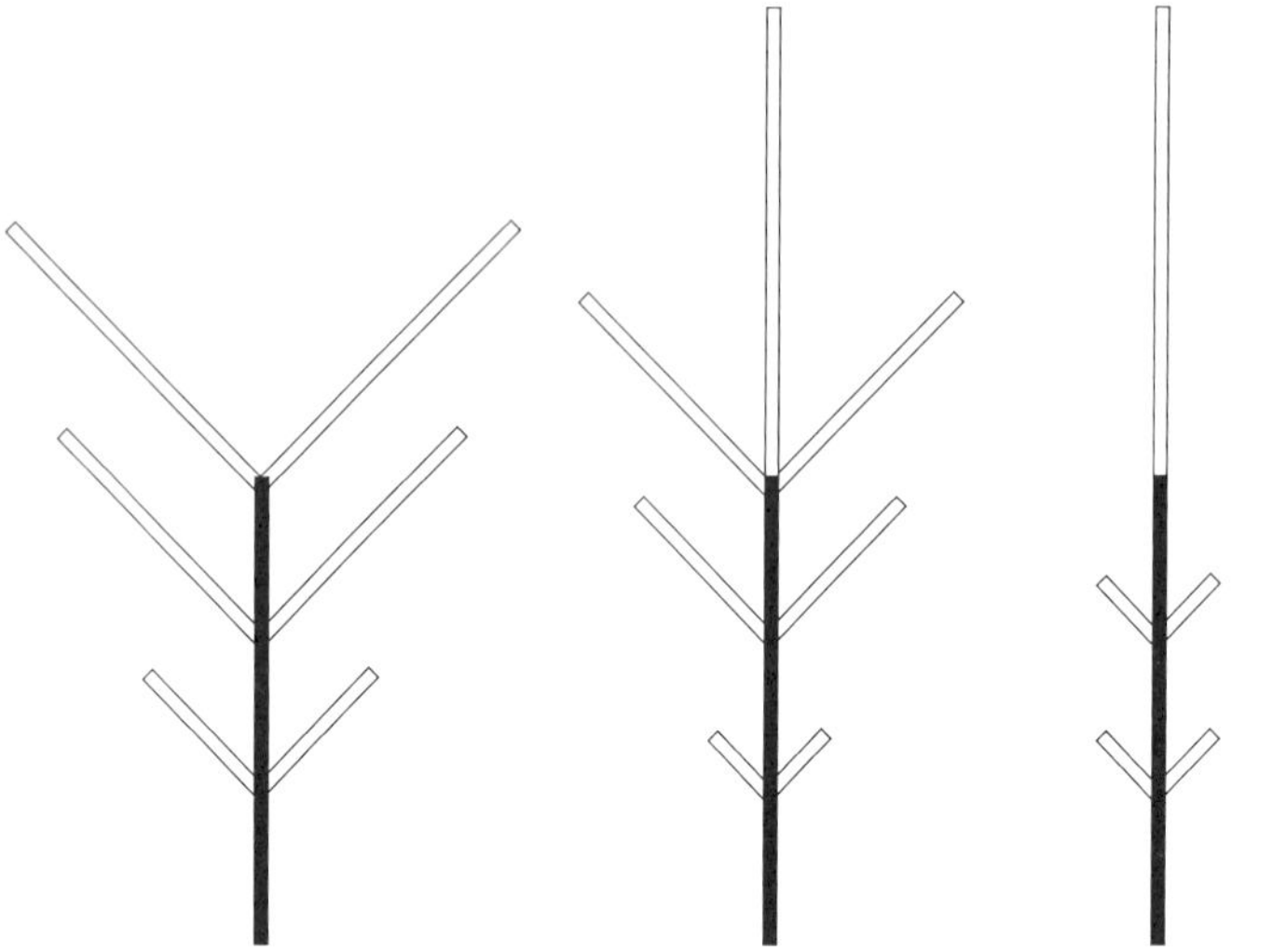

図 12　仮軸分枝拡大型・単軸分枝拡大型・単軸分枝伸長型の枝の模式図．黒は前年に伸びた枝，白は当年に伸びた枝．

仮軸分枝拡大型

単軸分枝伸長型では、その年に展開する葉の内の一部しか冬芽の中に入っていない。そして、冬芽の中になかった葉が新たに作り出されながら枝が伸びていく。枝のうち、腋芽由来の枝は短枝となり、葉を展開する役割を担う。そして、頂芽由来の枝だけが長枝となって長く伸びる。このように、光合成で稼いだ資源を長枝に集中することにより、高さの伸長を効率的に行う。こうした性質は、他個体との競争が激しい環境において、早く高くなってその場を占有する上で有利であろう。つまり、大きな林冠ギャップでの競争だ。こうした林冠ギャップの下は光条件が良いので、どの稚樹も良好に高く伸びることができる。だから、その林冠ギャップを占有して後継木となるための高さ生長の競争も激しい。単軸分枝伸長型は、大きな林冠ギャップなど、他個体との競争が激しい環境で世代更新することに適応している。一方、仮軸分枝拡大型では、その年に展開する葉がすべて冬芽の中に入っている。開芽とともに葉群がすばやく展開されるので、光合成を行う期間が長い。長枝と短枝が分化していないため、高さの生長というよりも、枝葉を広く展開することに適している。こうした性質は、光条件が悪い環境で効率よく光合成生産を行う上で有利であろう。つまり、小さな林冠ギャップの下での生育だ。こうした林冠ギャップの下は光条件が悪いため、稚樹は、良好に高く伸びることができない。だから、高さ生長の競争は激しくない。そのかわり、枯死することなく後継木へと育っていく能力が大切となる。仮軸分枝拡大型は、小さな林冠ギャップなど、他個体との競争が少ない暗い環境で世代更新を行うことに適応している。単軸分枝拡大型は、両者の中間的な性質を持っているのであろう。

ところで、冬芽の中に葉をすべて用意していることの有利さ（すばやい展葉）はわかるが、一部しか用意していないことにも有利さはあるのだろうか？　もしもそれがなければ、単軸分枝伸長型でも、冬芽の中に葉がすべて入っている方がいいように思える。どうしてだろうと考えるうちに、こんなことを思いついた。たとえば、冬芽の中には三対の胚葉が入っていて、翌年にはこの三対が展開すると決まっているとする。翌年の葉の数は、四対以上に増えることもなければ、二対以下に減ることもない。冬芽ができるのは夏から秋にかけてである。そのころには、翌年に三対の葉をつけることが決まっているということだ。しかし、光条件や栄養条件は年毎に変動しうる。とくに、林床に生育する稚樹の場合、光条件は劇的に変化することがある。高木が倒れたりしてできる林冠ギャップ形成だ。冬芽ができたときには上層を高木に被われていて暗かったのに、その後に高木が倒れて林冠ギャップができたらどうなるであろう。せっかく明るくなったのだから、ぐいぐい葉を作って高く伸びたい。しかし三対の葉しか作らないと決まってしまっていると、伸びたくても伸びることができない。林冠ギャップを占有して後継木となる競争に大きく出遅れてしまう。だから、明るくて競争が激しい林冠ギャップで世代更新する種の場合は、翌年の葉の数が前年の内に決まっていない方がいいのではないか。冬芽の中には、春先に展開する葉だけを用意しておく。そしてそれから後は、その時点での光条件に応じて葉の数を調整する。光環境が良くなっていれば葉をどんどん作って高く伸び、そうでなければ少しの葉を着けただけで終わる。こうした、光環境の変化に対する素早い対応が、冬芽の中に一部の葉しか入っていないことの有利な点なのではないか。一方、暗い環境で世代更新していると予測している仮軸分枝拡大型（冬芽の中に、すべての葉が入っている）では、光環境の変化に対する臨機応変さはそれほど必要ではないであろう。それよりも、暗い環境で少しでも光合成生産を行うこと＝長い光合成期間の確保＝の方が大切に違いない。

こうした仮説を私は、林の中でカエデを手に取ったりしながら、あるいは研究室の机の上で草案用紙を睨みながら考えた。またあるときは、日光に向かう東武電車の中で考えた。私は、東京の小石川本園の研究室と日光分園を行き来する生活を続けていたので、浅草と日光を結ぶ東武電車を頻繁に利用していたのだ。

浅草日光間は快速電車で二時間ちょっと、特急だと一時間四〇分くらいである。快速は普通乗車券だけで乗ることができるのに対し、特急に乗るには特急料金が必要だ。その替わり特急だと、全席指定で心地よい座席に座ることができる。もちろん私は、特急料金を惜しんで快速を使っていた。なにしろ、日光分園の手前のバス停で降りてバス停一つ分を歩くと、三〇円バス代が安くなると自慢していたくらいだから。

東武電車にはいろいろな想い出がある。研究とは全然関係ないが、ちょっと長めに語ってもいいかな。末ちゃん（日光分園の近くの飲み屋）で加藤さんと飲み過ぎた翌日に浅草へ帰ったときは辛かった。電車に揺られてだんだん気持ちが悪くなってくる。しかし快速だからなかなか駅に止まらない。早く駅に止まってくれと祈りながら、あの手この手で気を紛らわそうとした。それ以来、帰る前日には飲み過ぎないようにしたけれども、ついつい二日酔になってしまうこともある。ある日も、二日酔いの気持ち悪さに耐えながら東京へ帰ろうとしていた。快速には懲りたので、贅沢をして特急のふかふかの座席に座って帰ることにしよう。特急券を買い、下今市で鬼怒川からやってくる特急電車を待つ（特急は、日光発のものと鬼怒川発のものがあり、鬼怒川発の特急に乗るときには下今市で乗り換える必要があった）。特急が入ってきた。しかし様子が変である。なんだか車内が黒いのだ。特急が速度をゆるめだんだんと車内の様子がわかってくると――。その特急は、極道の団体旅行の貸し切り状態であった。不運とはきっとこういうことを言うのであろう。私が二日酔いをしないか、黒服の人たちが鬼怒川温泉の旅を思い立たないか、思い立ったとしても別の日や別の電車にしていれば、私はその日を平凡に過ごしたはずだ。しかし。車内に入り自分の席を探すと、その席には黒服の人が座っていた。「仁義を守るのが君たちの趣味ではないの？」と思いつつ、空いている席を探す。幸いにして、堅気の方の隣が一つ空いていた。この席に座るはずだった人は、今どこで何をしているのだろう。私はそこに座り、浅草に着くのをひたすら待った。

快速電車もあなどれなかった。快速電車は、席が向かい合って四人一組で座るようになっている。その日はすいていたので、四人掛けのボックスに私は一人で座っていた。とある駅で、一升瓶と買い物袋を手にした二人づれの男が乗ってきた。まだ昼というのに二人とも完全にでき上がっている。そしてどういうわけか私のボックスにやってきて、一人は私の隣に、もう一人は私の向かいに座った。隣に来た男は、私の膝にどかんとぶつかるように座ったのに私の方を見向きもしない。しかしそれだけではなかった。隣の男は、紙コップを出して酒を注ぐと、一升瓶を自分と私の間、というよりも私の膝の上にぐいぐいと押してのせるのだ。そして買い物袋からつまみを手にいっぱい握って取りだし、将棋の駒を叩きつけるように、「兄弟、食え」と向かいの男の膝の上にのっける。つまみは半分以上床に落ちた。そして自分も食べながら、「うまいっ。さあ、兄弟、食え」と繰り返す。きっと、自分の男気に酔っていたのであろう。やがて私の方を向き、

「浅草に着くのは何時だ？」

「知りません。」

「学生のくせに知らないのか。」

反論を誘う理屈ではあったが、私は黙って聞き流す。

「兄ちゃん、拳銃見せてやろうか」

思わぬ展開となった。拳銃なんか持っているわけないと思いつつ、「いいですいいです」と首を振る。

すると今度は、

「〜〜〜〜〜〜〜〜するると殺すぞ。」
→
（なんと言っているのか聞きとれない）

「聞き返すと殺すぞ」だったら困るので黙っていたら、

「おい、一杯飲め。」

ついに来たか。この言葉を予測していた私は用意していた返答をした。

「僕、お酒飲めないんです。」

この言葉が本当なら、極道の団体旅行とご一緒することもなかったであろう。その後、紙コップを投げたりとさんざん暴れ、浅草よりもずいぶん手前で降りていった二人であった。

第三章◎

カエデ科稚樹における、分枝伸長様式の適応進化

私はようやく仮説を描くことができた。京大での卒業研究の時から数えると、一年くらいかかって得た仮説である。確かに時間はかかった。しかし私は、稚樹の形に自分自身で着眼して、自分の頭で考えてこの仮説を描くことができた。

研究を志す人に何か一つだけ求めるならば、自分の頭で考える姿勢だと思う。既存の考えに囚われず自分の頭で考えることから、独創性や新しい発想が産まれるのではないか。

さてこれからは、第二章第11節で描いた仮説を検証することが私の研究目的となった。

1　その年に着ける葉の数は前年の内に決まっているのか

仮説検証の第一歩として私は、その年に展開する葉がすべて冬芽の中に入っているのかどうかをそれぞれの種ごとに調べることにした。問題はそれを調べる方法である。冬芽の中の葉の数を調べるには冬芽をばらす必要がある。しかしばらしてしまった冬芽はもう開芽伸長できないので、翌年に何対の葉を着けるのかを見ることができない。考えた末に私は、冬芽をばらしてその中に入っている胚葉の数を数え、その冬芽を着けていた枝が何枚の葉を着けていたのかということと相関をとることにした。光条件・栄養条件は年毎に変動しうるとはいえ、基本的には毎年それほど変わらないであろう。そうならば、去年五対の葉を着けた枝から伸びた今年の枝は、平均してやはり五対の葉を着けると期待できる。三対の枝からは三対の枝だ。ただし、去年五対の葉を着けていた枝の基部近くの腋芽は、開芽したとしてもそんなにたくさんの葉を着けたりはしないであろう。だから、単軸分枝の場合は、頂芽（開芽後、一番長く伸びる）の中の胚葉の数と、その頂芽が着いている枝が着けていた葉の数を比べる必要がある（図13）。仮軸分枝の場合は、枝の頂端に着いている腋芽二つの内の大きい方が、開芽後に一番長く伸びると期待できる。したがって、その腋芽の中の胚葉の数と、その腋芽が着いている枝が着けていた葉の数を比べればよい（図13）。

　一九八四年の秋から翌年の冬にかけて、枝の採集と冬芽の解剖に私は没頭した。明るいところにあって一年間の伸長が良かった枝から、暗いところにあって一年間の伸長が悪かった枝まで、いろいろな長さの枝を取ってくる。そして、葉が着いていた痕を数えて、その枝が、一九八四年に何対の葉を着けていたのかを調べる。次に、その枝が着けている頂芽（または、先端の腋芽の内の大きい方）の芽鱗

図13　中に入っている胚葉の数を調べた冬芽．単軸分枝の場合は頂芽（灰色）を調べ，仮軸分枝の場合は，枝の先端の腋芽の内の大きい方の腋芽（灰色）を調べた．そして胚葉の数を，その枝が前年に着けていた葉の数と比較した．葉が着いていたところに腋芽が着くので，この図の場合，前年の葉の数は単軸分枝も仮軸分枝も3対である．

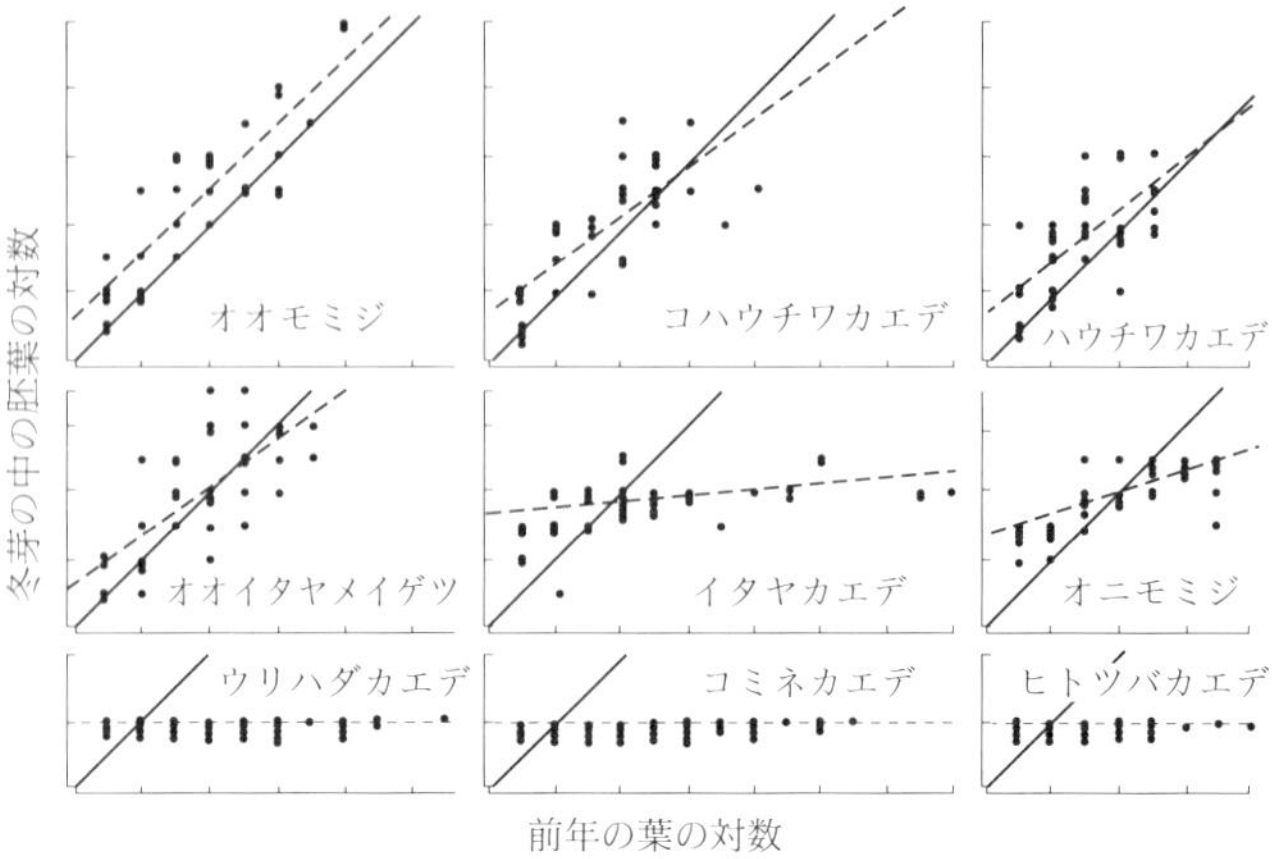

図14　冬芽の着いていた枝が前年に着けていた葉の数と，冬芽の中の胚葉（葉原基も胚葉として数えている）の数の関係．破線は両者の回帰式．枝の葉の数と胚葉の数がほぼ同じならば，回帰式はY＝X（実線）に近いものになる．

を、実体顕微鏡を覗きながらピンセットで一枚一枚はがしていく。芽鱗を剝き終わると胚葉が現れる。これら胚葉は、一九八五年の春に冬芽から現れ新しい葉となったはずのものである。ピンセットを針に持ち替え、外側から一対ずつ順番に、数を数えながら針先で胚葉を取り外していく。なお、葉原基と胚葉は区別せず、中に入っているものはみんな胚葉として数えることにした。種によっては両者を区別することが難しかったからである。そして、一九八四年に着けていた葉の数と比較する。

図14は、カエデ科九種について、前年の葉の数と冬芽の中の胚葉の数の関係を示したものである。図中の実線は、両者が等しい（縦軸の数＝横軸の数）関係を示す。オオモミジ・コハウチワカエデ・ハウチワカエデ・オオイ

タヤメイゲツでは、一九八四年の葉の数と冬芽の中の胚葉の数の関係（破線）がこの実線に近いことがわかる。一九八四年も一九八五年も平均して同じ数の葉を着けると考えてよいならば、一九八五年に着ける葉はすべて、胚葉として冬芽の中に入っているということである。一方、これら以外の種では、一九八四年の葉の数と冬芽の中の胚葉の数の関係が実線からはずれている。とくに、ウリハダカエデ・コミネカエデ・ヒトツバカエデでは、どの冬芽にも二対の葉しか入っていない。実を言うと、二対の内の一対は葉原基（四三頁の図6）なので（これらの種では、胚葉と葉原基をはっきりと区別できた）、本当の意味での胚葉はどの冬芽にも一対しか入っていない。一九八四年には、七対とか八対とかたくさんの葉を着けたが、一九八五年には一対の葉しか着けないとは考えにくい。これらの種では、冬芽の中になかった葉が、枝の伸長とともに作り出されるということであろう。イタヤカエデでは、冬芽の中の胚葉の数は三～四対のものが多かった。イタヤカエデでもやはり、枝の伸長とともに冬芽の中になかった葉が作り出されるのであろう。

こうした決定を行うには、一九八四年にたくさん葉を着けていた枝がないと駄目である。極端な話、一対しか葉をつけなかった枝しかなかったら、ウリハダカエデが、冬芽の中にすべての葉が入っていない型であることはわからなかった。そして、図14のデータを得る上で苦労したのが、たくさんの葉を着けていた枝を集めることであった。明るいところに生えているものは生長がよいので、林の中ではなく道沿いのカエデを探す。ウリハダカエデ・コミネカエデ・オオモミジなどは、個体数も多いのですぐに枝を集めることができた。しかし、オオイタヤメイゲツとか、個体数があまり多くなくて、かつ道沿いにはあまり生えていないものは大変だった。しかたがないので、光があたっているであろう、大きな個体の上の方の枝も集めることになる。高枝切りをぐいと伸ばし自分も背伸びをして、できるだけ上の方の枝を見当で切り落とす。落ちてきた枝に、葉を五対も六対も着けていた痕があったらにんまりである。しかし、切り方が悪くて枝の先端の方しか残っていないと、一九八四年に何対の葉を着けていたかがわからない（枝の根元の方の葉痕がなくなっているから）。いかにも生長のよい枝を途中で切ってしまったときなどは、とてもくやしかった。

2 稚樹の移植実験

その年に着ける葉の数が前の年に決まっているのかどうかはわかった。では、第二章第11節六五頁で述べた、着ける葉の数が決まっていないことの適応的意義に関する仮説を確かめることにしよう。この仮説は、林冠ギャップ形成による光条件の変化への対応に関するものである。だから一番良いのは、その年にできた林冠ギャップを見つけて、林冠ギャップ形成の前と後の枝の伸長量の変化を比べることである。しかし、そうそう都合よく林冠ギャップはできてくれない。だからといって、高木を切り倒して人工的に林冠ギャップを作ってしまうのはあまりにも乱暴だ。それならば、稚樹そのものを明るいところに植え替えてしまおう。暗い林床から明るいところに移せば、林冠ギャップ形成と同じ（いやそれ以上）の光条件の変化を起こすことができる。そう思い立った私は、日光分園の技官の根本さん・高橋さんに、カエデの稚樹を植えてよい明るい場所はないかと相談した。お二人は、さんさんと光が降り注ぐ、栽培用の畑の一画を提供して下さった。植え替え場所の広さからいって、二種くらいで実験するのがよいであろう。そこで、その年に着ける葉の数が前年の内に決まっている型と決まっていない型の代表として、オオモミジとウリハダカエデを使うことにした。次は、林床の稚樹探しである。一輪車にスコップを乗せて、日光分園内の自然林の中に入っていく。そして林床を見ながら、右から左、左から右と首を振ってカエデの稚樹を探す。一一月の林はとっくに葉を落としているので林内は明るい。稚樹ももちろん、枝と冬芽だけの姿になっているけれども、カエデならば、枝と冬芽だけで見分けることができた。高さが二〇センチメートルほどの稚樹を見つけると、稚樹のそばに立って上を見上げ林冠の状態を確認する。実験の目的からいって、林冠ギャップの下に生えている稚樹を使うわけにはいかないからだ。林冠をなす高木の小枝が網目をはるように空を被っていれば問題ない。葉のある季節には、この稚樹は暗さに耐えていることであろう。空がぽっかり見える——林冠ギャップができている——場合には、葉がある季節にもそれなりに光を受けているかも知れない。その稚樹は実験対象から除外である。その場所が林冠ギャップ下でないことを確かめると、根を傷つけないようにスコップで稚樹を掘り起こす。一一月でよかった。もう少し季節が進むと、地面が凍って、スコップで掘るなんてできないそうだ。掘取った稚樹を一輪車に乗せて次の稚樹を探す。こうして、オオモミジとウリハダカエデの稚樹をそれぞれ六個体掘り起こした。あわせて一二個体の稚樹を一輪車に乗せて栽培用の畑に向かう。高橋さんに声をかけ、稚樹の植え付けを始めた。まずは、稚樹の根がすっぽり入る大きさの穴を五〇センチメートル間隔で掘った。そして、一つの穴に一つの稚樹を入れる。あとは土をかけるだけかと思ったら、「肥料を入れた方がいいですよ」と高橋さん。肥料を入れてから土をかけて稚樹を植えた。暗い林床にいた稚樹はか細くて、明るい太陽が似合わなく見えた。来年には、どれくらい伸びるのだろう。

3 初めての学会発表

自分が調べ明らかにしたことは、世間に発表することで初めて研究成果となる。研究発表の方法は、論文を書いて科学雑誌に投稿し掲載させることである。つまり論文が、研究発表の正式な場である。ただし、それ以外に学会発表というものがある。たいていの学会は毎年大会を開いていて、学会員はその大会に集う。そして参加者は、他の参加者に対して自分の研究を発表する。自分の研究を喧伝したり批判を仰いだり情報交換したりすることが目的である。まあ、研究室セミナーを全国規模でやるようなものだ。研究室という普段の世界から抜け出し、さまざまな人と意見交流ができるので学会発表はとても大切である。ただし、学会発表しただけでは研究成果を正式に発表したことにはならないので、同じ内容を論文にまとめる必要があるが。

私は、一九八四年の成果を、一九八五年の春に広島で行われる日本生態学会大会で発表しようと思った。カエデ科の中には、その年に着ける葉の数が前年の内に決まっているものと決まっていないものがあること、それが枝の伸び方と関係ありそうなこと、それぞれの適応的意義について考えたことなどを発表するつもりであった。この中でちゃんとデータがあったものは、葉の数が前年に決まっているのかどうかだけである。枝の伸び方についてはは予備的な観察をしただけだったし、林床の稚樹の移植実験もまだ結果が出ていない。今思うと、おいおいちょっと待てというような感じであるが、教官に相談することもなくさっさと発表申し込みをしてしまった。

当時の日本生態学会の発表は、図を撮ったスライド写真を用意し、そのスライドを発表会場で映しながら説明するという形式であった(今は、スライドではなくOHPに替わっている)。図のスライド化は写真屋さんに頼めばやってくれた。しかし、元となる図は、製図道具を使って昔ながらに手描きしなければならなかった。後に、マッキントッシュのコンピューターが日本に広まったとき、コンピューターを使って論文の図を簡単に描くことができることに感動したものである。あの苦労は何だったのだという感じ。それくらい、図を手描きすることは面倒で大変な作業であった。たとえば図14のようなグラフを描くとする。まず始めに方眼紙に鉛筆で下絵を描く。その上に、丈夫だけれども下が透けて見える紙を重ね、ずれないように端をセロテープで留める。そしてロットリングという、墨で線を描くペンを使って、下絵をなぞりながら重ねた紙の上に図を描いていく。失敗したら、ホワイトという修正液で線を消して描き直しである。線を引くのはまだよい。いらいらするのは、アルファベットや数字をロットリングで描くときだ。文字の形に溝が切られているプラスチック板を紙に当てて、溝にロットリングのペン先を入れる。そして溝に沿ってロットリングを動かすと文字が書ける仕組みである。これが結構難しく、隣同士の文字がまっすぐ横に並ばずにずれてしまったり、数字の8がうまく書けなかったりといらいらの連続であった。明らかに自分の失敗ではあるが、Number と書くつもりが Nuber と書いてしまったりするとやる気を喪失してしまう。あれやこれやと奮闘する内に、インスタントレタリングという便利なものがあることを知った。これは、アルファベットや数字が印刷されているシールで、紙に当てて上からこするとその文字が紙に写る。先の書き方より簡単で綺麗な文字が書ける優れものだ。しかし、a とか e とか特定の文字がなくなってしまいやすく、これらの文字を目当てに新しいセットを頻繁に買うことになるという問題があった。こうした苦労の末、学会発表で使う図を私は作っていった。でき上がった図表はかっこよかった。スライドが仕上がったときには、研究室のセミナー室に一人でこもり、スクリーンに映写していつまでも眺めていた。

わかりやすい発表をするためには、(1)原稿を用意すること、(2)何度も発表練習をして原稿を頭にたたき込むこと、(3)本番では原稿を読まずに発表することが理想である。しかし面倒くさがり屋の私には、原稿を用意するということがどうしてもできない。記念すべき学会デビューのこのときも、原稿を用意したりはしなかった。ちなみにその後も、修士論文や博士論文の発表会を含め、日本語で研究発表をするときは原稿を用意したことが一度もない。ただし矢原さんには、みんなの前で発表の練習をするように言われた。そこで、矢原さん・綿野さんらに発表の予行練習を聞いていただいた。そして、スライドの図をこういうふうに直した方がよいとか、こういう話し方にした方がよいという指摘をもらった。指摘にしたがっていくつかのスライドを作り直し、私は、広島へと旅立っていった。

第三二回日本生態学会大会は、三月二九日から三一日までの三日間、広島大学において行われた。参加者は六百人ほど。今の半分ほどの参加者数である。研究発表は六つの会場で同時進行する。発表時間は、質疑応答を含め一演題につき一五分であった。私の発表は、最終日の午前一一時からとなっていた。当日、自分が発表する会場に座って順番を待つ。一一時が近づくにつれ、だんだんと緊張してくるのが自分でもわかった。おかげで、何度も手洗いに立ってしまった。そしてとうとう私の発表の番がやってきた。私は、無表情な上に目つきが冷たいので、壇上ではできるだけにこやかにしようと思っていた。だから、優しい笑みを浮かべ壇上に向かった。話し始めて最初の数分は緊張していたけれど、やがて緊張がすっとぬけた。そうなればもう独壇場である（事実、壇の上には私独りしかいない）。発表と質疑応答が終わり自分の席に戻るとき、京大の先輩の蒔田さんと目があった。蒔田さんは、にっこり笑ってOKのサインをして下さった。嬉しかった。ただし、「壇上に向かうときニタニタしていたので、頭がおかしくなったのかと思った」と後で言われた。

質疑応答の内容はほとんど覚えていない。質問がいくつか出て、「そうですね。ウリハダカエデの場合……」と答えていたと思う。「そうですね」――。全然関係ない話だが、妻（同業の生態学者の酒井暁子）と私はある日、Ｊリーガーがインタビューに答えるとき、「そうですね」と必ず前置きしてから答えることに気づいた。井原正巳選手（横浜Ｆマリノス→ジュビロ磐田→浦和レッズ）がその代表格である。彼は、聞き手が訊ねるすべての質問に、「そうですね」と必ず言ってから答える。おかげで暁子と私は、インタビューが始まると画面を見入り、「そうですね」とくるときゃっきゃと喜ぶようになった。たまに「そうですね」と前置きしない選手がいると、「つまんない奴だ」とブーイングを飛ばす。それではなぜ、Ｊリーガーは「そうですね」と前置きするのか。トラップをしているのではないかというのが暁子の説である。確実なプレーをするためにワントラップしてボールを止めるように、「そうですね」と質問をワントラップして確実に答えるというわけだ。――その真偽はともかく、自分の発表に対する質問に答えるときも、ワントラップして頭を落ち着かせることが有効である（「そうですね」と前置きする必要はないが）。答える前に呼吸を整えたり、「～～～～～というご指摘でしょうか」と相手の質問を整理して聞き返したりすれば、落ち着いて答えることができると思う。

　自分が研究発表をし他の人の研究発表も聞くこと以外に、人との交流ができるという利点が学会にはある。とくに新人の場合、偉い人たちに自分を売り込むよい機会である。名前と顔を覚えてもらうこと、どういうことに興味がありどういう研究を始めたのかを知ってもらうこと。「東大植物園に酒井聡樹という新人がいて、カエデの稚樹の分枝伸長様式の研究をしている」と知ってもらえれば、私の研究発表を聞きに来てくれるかもしれない。そしていろいろ助言をもらえるかもしれない。学会が終わった後も、何かあったら情報を流してくれるかもしれない。つまりは、大げさに言うならば、人脈のはしに加えてもらうということである。もっとも、学会デビューにやってきた新人には、学会の中は何がなんだかわからない。だから、教官や先輩の後についていって、いろいろな人に紹介してもらうことになる。私も、矢原さん（植物園は植物分類学の研究室なので、生態学会に参加していたのは矢原さんと私だけだった）に、何人かの人に紹介していただいた。たとえば佐藤利幸さん（現信州大学理学部）には、広島のお好み焼き屋さんでお目にかかった。菊沢喜八郎さんにも、広島の学会で初めてお目にかかったように記憶している。菊沢さんは、葉が展開し落葉するまでの過程を生態学的視点から解析していた大御所である。つまりは、私の研究は菊沢さんの研究に近かった。その後、本人の許可なく菊沢さんを師匠と仰ぐことになる。

4　分枝伸長様式に三型あり

一九八五年の四月を迎えた。修士課程の二年生になり、来冬には修士論文の提出である。そのためにはたくさん調べなくてはいけないことがあった。もっとも、冬芽の解剖はすでに終えていたので、今年は、伸びてくる枝を対象としたデータ取りが主眼となる。仮説として思い描いた、単軸分枝伸長型・単軸分枝拡大型・仮軸分枝拡大型（第二章第11節六三頁参照）を本当に類型化できるのかどうかを調べるためにも、枝の長さのデータを取らなくてはならない。林床から栽培用の畑に植え替えた稚樹がどれくらい伸びるのかも、枝の長さを測って調べる必要がある。しかしこうしたデータは、枝が十分に伸びきってから取らないと意味がない。となると夏まで暇である。そのため私は、枝が十分伸びきるのを待つ間、世代更新を行う環境に関する調査を行った。しかし、その説明は後にした方が話の流れが良いので、季節を飛び越えて夏の調査の話をしよう。

ウリハダカエデのひらめきから一挙に思い描いた分枝伸長様式の類型化（六四頁の図12）。ろくなデータもなしに、「こういう三型があります」と学会発表では言い切ってしまった。しかし、データを示さないと論文では通用しないであろう（学会では通用したというわけではないと思うが）。私はまず、これをきちっとデータ化することにした。図12の類型化は生長のよい稚樹に関することである。いや正しくは、生長の良い稚樹の生長の良い枝に関することである。だから、生長の良い枝に着いていた冬芽が、開芽してどれくらいの長さの枝を伸ばすのかを調べる必要がある。そこで私は、生長の良い稚樹が着けている枝で、前年に三対または四対の葉を着けていたものを対象に、今年の新しい枝の伸び方を種間で比較することにした。前年に三〜四対の葉を着けていたなら生長がよかったといえるし、サンプル数を確保する上でも手頃だったからである。調査対象にしたのは、オオモミジ・ハウチワカエデ・コハウチワカエデ・オオイタヤメイゲツ・ウリハダカデ・コミネカエデ・ヒトツバカエデ・イタヤカエデ・オニモミジの九種である。例によって私は、日光分園内や近辺の林を歩き回り生長の良い枝を探した。そして前年の葉痕を数えて、三対（または四対）の葉を着けていた枝を見つけたら、しめしめと物差しとノートを取り出した。仮軸分枝をする種の場合、その枝には三対の腋芽が着いていたはずである（それぞれの葉が、葉の付け根に一つずつの腋芽を着けるから）。だから最大で、三対六本の新しい枝が伸びる。私は、一本一本の枝について長さを測っていった。図12の模式図でいうと、白い枝全部の長さを測ったわけである（この模式図では対となる枝は同じ長さになっているけれども、実際には長さが違うのが普通なので、対となる枝を両方とも測った）。もっとも、開芽せずに終わってしまう腋芽も多いので、新しい枝の数が六本に満たないものもたくさんある。開芽しなかった腋芽については、枝の長さはゼロとして記録した。単軸分枝をする種の場合、これら腋芽に加えて頂芽がある。腋芽由来の枝の長さの測定は右記とまったく同じに行い、それに加えて、頂芽由来の枝の長さを測った。

対となっている腋芽由来の枝の内、実際に解析に用いたのは長い方の枝だけである。短い方の枝は、長さを記録するだけに留めておいた。もちろん、頂芽由来の枝の長さは、長かろうと短かろうと解析に用いた。そして、測ったデータを処理にするにあたっては枝の長さを相対値化した（図15）。それぞれの前年枝について、その前年枝が着けていた当年の枝の内、一番長い枝の長さに対する比に直したということである。たとえばある前年枝が一〇センチメートル、七センチメートル、三センチメートルという枝を着けていたら、一、〇・七、〇・三という比に直した。

図16に測った結果をまとめる。それぞれの図は、相対値化した枝の長さの頻度分布を表す。縦の一並びの図が一つの種のデータである。仮軸分枝をする種の場合（a–d）、前年に三対の葉を着けていた枝のデータを示している。下の図から、一番下の腋芽由来の枝・二番目の腋芽由来の枝・先端の腋芽

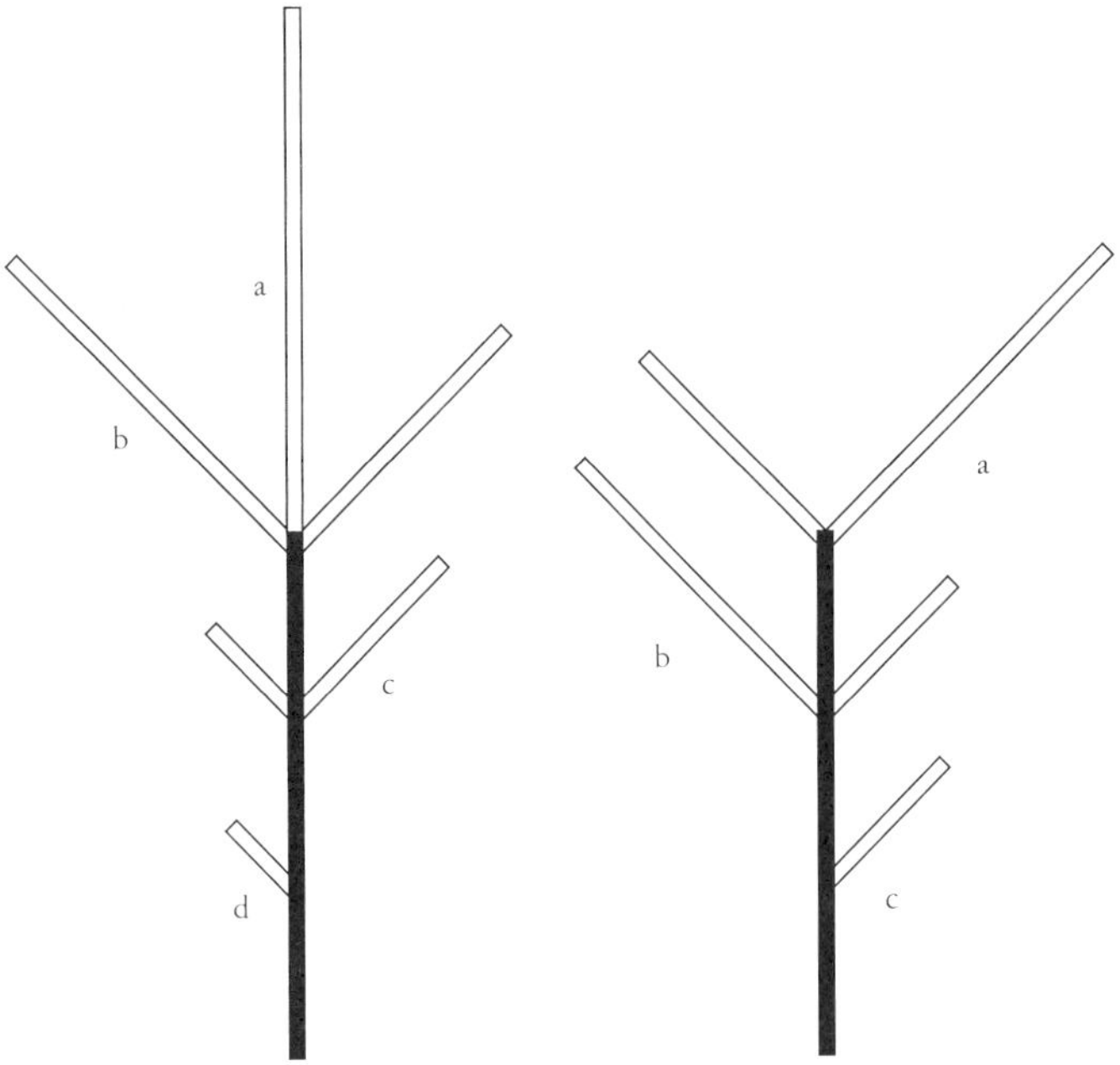

図 15　枝の長さのデータ解析方法. 頂芽由来の枝はすべてデータ解析に用いた. 腋芽由来の枝については, 長い方の枝だけをデータ解析に用いた. そして各枝の長さを, 同じ前年枝に着いている当年の枝の内, 一番長いものに対する相対的な長さで現した. この図の例では, 単軸分枝の場合, a/a, b/a, c/a, d/a が各枝の相対的な長さである. 仮軸分枝の場合, a/a, b/a, c/a が各枝の相対的な長さである.

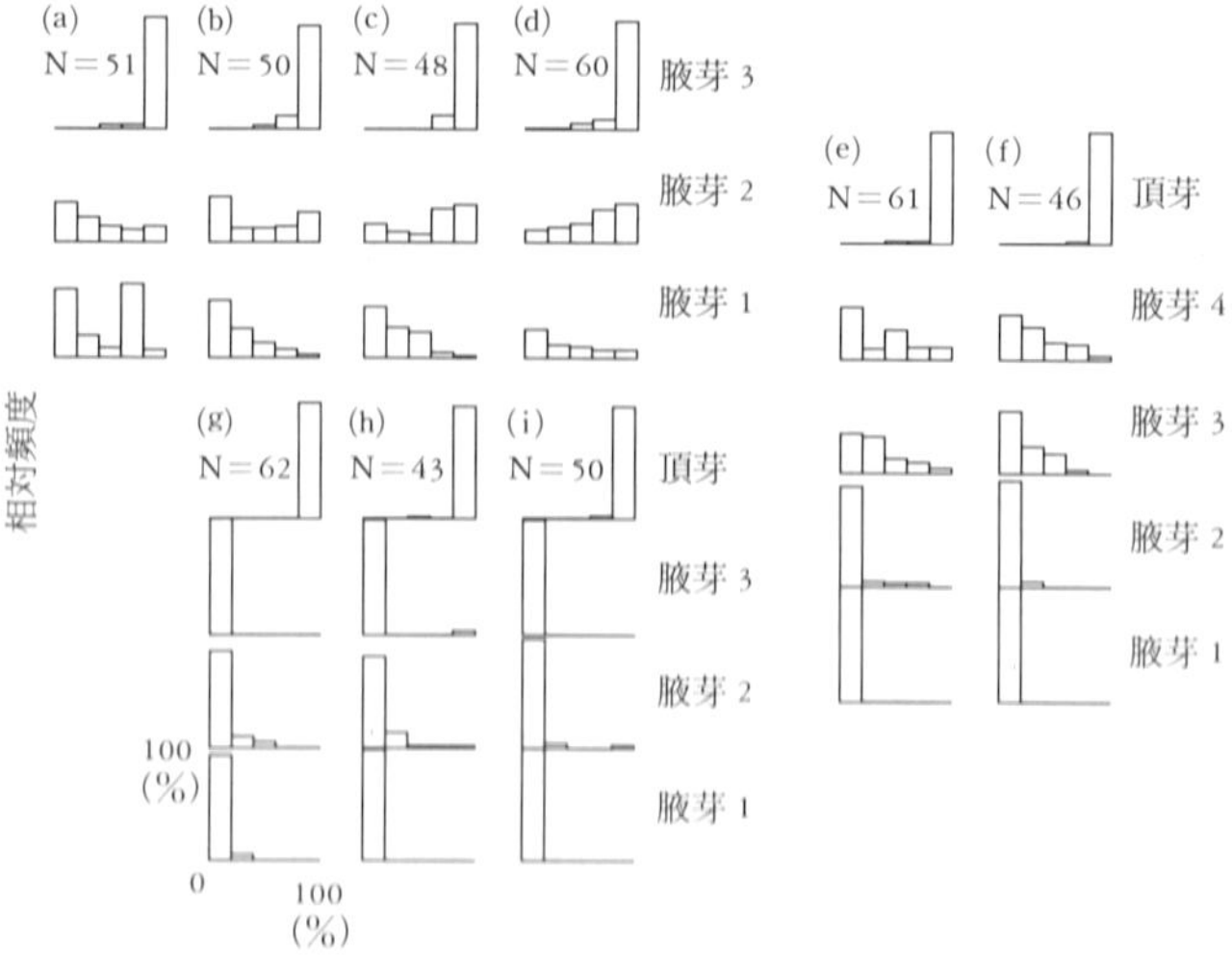

図 16　前年に 3 対または 4 対の葉を着けていた枝における，当年枝（新しい枝）の相対的な長さの頻度分布．仮軸分枝をする種（a–d）では，下の図から，一番下の腋芽由来の枝・二番目の腋芽由来の枝・先端の腋芽由来の枝の相対的長さの頻度分布を示している．単軸分枝をする種（e–i）では，一番上の図が頂芽由来の枝で，その下に，腋芽由来の枝が同じ順番で並んでいる．a）オオモミジ　b）コハウチワカエデ　c）ハウチワカエデ　d）オオイタヤメイゲツ　e）イタヤカエデ　f）オニモミジ　g）ウリハダカエデ　h）コミネカエデ　i）ヒトツバカエデ．

由来の枝である。単軸分枝をする種の場合（e–i）、一番上の図が頂芽由来の枝で、その下に、腋芽由来の枝が右記と同じ順番で並んでいる。ただし、前年に三対の葉を着けていた枝のデータを示している種と、前年に四対の葉を着けていた枝のデータを示している種がある。枝の長さの頻度分布が右に偏っているほど、その部位の枝は相対的に長く、左に偏っているほど相対的に短い。仮軸分枝をする種（オオモミジ・ハウチワカエデ・コハウチワカエデ・オオイタヤメイゲツ）では、枝の長さが、上から下に向かって徐々に短くなっていることがわかる。それに対してウリハダカエデ・コミネカエデ・ヒトツバカエデ（いずれも単軸分枝をする）では、頂芽由来の枝だけが長く伸び、腋芽由来の枝はとても短い。頂芽由来の枝は長枝になり、腋芽由来の枝は伸びないか短枝になるということである。それに対してイタヤカエデ・オニモミジ（これらも単軸分枝をする）では、上の方の腋芽由来の枝も結構長く伸びている。「頂芽＝長枝　腋芽＝短枝」という関係はそれほど明確でない。枝の伸び方は、仮軸分枝をする種に似ている感じである。つまり予想どおり、仮軸分枝拡大型・単軸分枝伸長型・単軸分枝拡大型と類型化できたということだ（六四頁の図12参照）。今後は、この類型化に基づいて、いろいろな特性を調べていくことにしよう。

5　冬芽の開芽率

実を言うと、枝について気づいていたことが他にもいくつかある。その一つが、冬芽の開芽率の三型間での違いだ。単軸分枝伸長型では、枝の下の方に着いている腋芽もよく開芽しているのに、他の二型では、下の方の腋芽は開芽せずに萎れてしまうことが多いように思えたのだ。冬芽の位置ごとに開芽率を計算してみよう。今年の枝の長さを測ったときに、伸びなかった枝は長さがゼロと記録してあるので開芽率の計算は簡単だ。図17に、前年に葉を三対着けていた枝における、冬芽の位置ごとの開芽率（調べた冬芽の内、開芽して枝へと発達した冬芽の割合）を示す。左から、仮軸分枝拡大型・単軸分枝拡大型・単軸分枝伸長型の種である。仮軸分枝拡大型では、先端の腋芽はほぼ一〇〇パーセント開芽して枝に発達していた。そして、枝の根元の方の腋芽になるほど開芽率は低くなっていた。単軸分枝拡大型では頂芽がほぼ一〇〇パーセント開芽していた。腋芽の開芽率はそれよりも低く、また、根元の方の腋芽ほど開芽率は低かった。対照的だったのが単軸分枝伸長型である。この型では、先端の腋芽を除いて開芽率がとても高く、また、根元の方の腋芽で開芽率が低下する傾向も認められなかった。

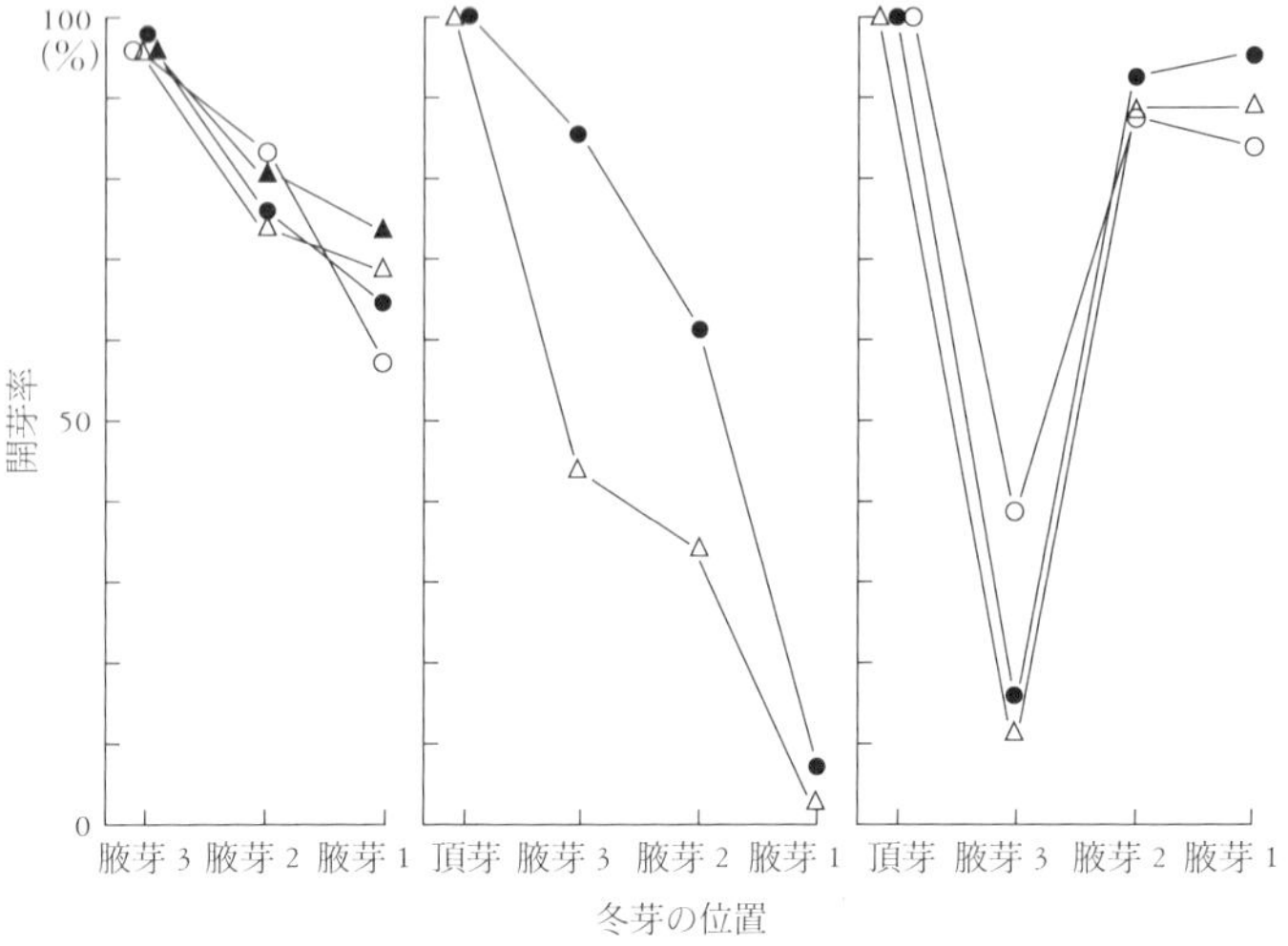

図 17　前年に葉を 3 対着けていた枝における，冬芽の位置ごとの開芽率．左図（仮軸分枝拡大型）●オオモミジ　△コハウチワカエデ　○ハウチワカエデ　▲オオイタヤメイゲツ　中央図（単軸分枝拡大型）●イタヤカエデ　△オニモミジ　右図（単軸分枝伸長型）●ウリハダカエデ　△コミネカエデ　○ヒトツバカエデ

単軸分枝伸長型の場合、長枝と短枝が明瞭に分化している。そして他の型に比べ長く伸びる枝の数が少ない。そのため、もしも根元の方の腋芽の開芽率が低かったら、光合成生産を行うのに十分な量の葉を確保できないであろう。長枝が少ないかわりに、腋芽の開芽率が高くてたくさんの短枝が伸びる。これが単軸分枝伸長型の戦略であろうか。もっとも、単軸分枝伸長型でも、先端の腋芽の開芽率はずいぶんと低かった。この腋芽は頂芽のすぐそばに着いているので（一八頁の図3）、枝を伸ばすための資源が頂芽にとられてしまっているのかもしれない。他の二型で、せっかく作った根元の方

の腋芽が開芽せずに萎れてしまうのはもったいない気がする。根元の方の腋芽は、先端の方の冬芽が何かの原因で萎れてしまったときの予備なのだろうか。

6　葉の大きさと節間長の変化

本題に入る前に言葉の説明をしておこう（図18）。茎（枝）において、葉や芽鱗の着いている部位のことを節といい、それ以外の茎（枝）の部分を節間という。節間長と言えば、隣り合う二つの節の間の長さ（たとえば、一対目の葉が着いている節と二対目の葉が着いている節の間の長さ）を指す。

さて、葉の展開の様子を定期観察していたとき——一九八四年——に話を戻したい（第二章第8節四九頁参照）。ウリハダカエデの枝は、一対目の葉を出してから一ヶ月くらい後、枝先に小さなかわいらしい二対目の葉をつけた。ところが不思議なことに、二対目の葉は、それからほとんど大きくならなかったのである。面積でいうと、一対目の葉の一〇分の一ほどの大きさで生長が止まってしまった（五二頁の図10）。そのかわり、冬芽が着いていた節（正確には、二対あるうちの内側の芽鱗が着いていた節）と一対目の葉が着いている節の節間長は三センチメートルほどしかないのに、一対目の葉が着いている節と二対目の葉が着いている節の間の節間長は一〇センチメートルくらいあった（図18）。冬芽が開くと

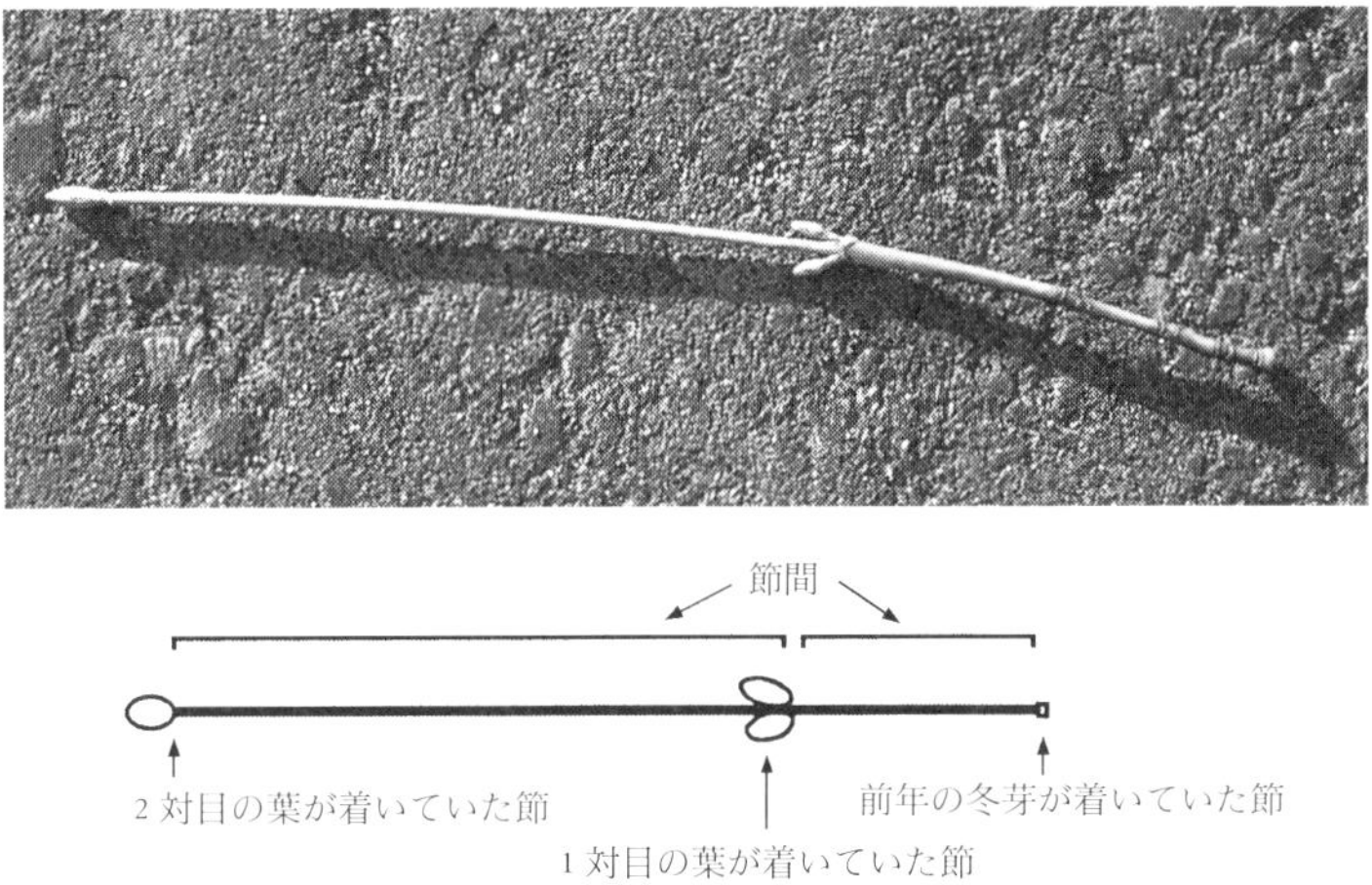

図 18　ウリハダカエデの節と節間.

ともに枝が伸びて一対目の葉を広げる。そして枝はさらに伸びて二対目の葉を広げる。一対目の葉を支える節間はあまり伸びないのに、二対目の葉を支える節間の伸びは良いということだ。他のウリハダカエデではどうであろうか。私は、日光分園内を歩き回って、二対目の葉を着けている枝を何本か見て回った。やはり、一対目の葉が圧倒的に大きく、節間長は、一対目と二対目の葉の間の方がかなり長かった。どうやらこれは、ウリハダカエデの一般的な傾向のようである。三対目の葉はどうなるのだろう。待つことしばし。三対目四対目と葉を伸ばす枝が出てきた。この枝を定期観察すればよかったと嘆きつつ、葉の大きさと節間長を見てみる。やはり、三対目の葉はかなり小さく、二対目の葉と三対目の葉の節間は長かった。私は、奇妙な感に打たれていた。葉の大きさなんて（同種ならば）みな同じくらいだろうと思っていたし、節間長をしげしげと見たこともなかった。どうしてこんな風になっているのであろうか。クリッチフィールドさんの論文を読み返すと、ペンシルバニアカエデの枝葉の特徴と同じであるらしいことがわかった。他の日本のカエデではどうであろうか。いろいろなカエデで、葉の大きさと節間長を調べてみることにしよう。

かくして私は一九八五年に、これらのデータを取ることにした。葉の展開が終わるのを待って、生長の良い稚樹の枝で、二〜四対の葉を着けているものを探し歩く。見つけたら、冬芽と一対目の葉の間の節間長、一対目と二対目の葉の間の節間長、二対目と三対目の葉の間の節間長というように、それぞれの節間長を測っていった。次に葉面積の測定である。すべての枝のすべての葉について葉面積を測るのは大変だ。一種につき二〇〜三〇枚の葉について葉の長さ（正確には葉身の長さ。つまりは葉柄を除いた長さ）と葉面積を測定し、種ごとに、葉の長さと葉面積の関係式を計算することにした。他の葉については、長さだけを測っておき、この関係式から葉面積を推定すればよい。そんなわけで私は、測定対象とした枝に着いているすべての葉の長さを測った。もちろんそのとき、どの節に着いていた葉なのかも記録しておく。そして、葉面積の関係式算出用の葉を採集して、それらを新聞紙にはさんで東京に持ち帰った。葉面積の測定には、葉面積計という機械を使う。大きめの段ボール箱ほどの大きさの機械で、真ん中に小さなベルトコンベアと電球が着いている。スイッチを入れると、ベルトコンベアがくるくると回って電球の明かりがつく。ベルトコンベアに葉を載せ、電球の下を葉が通過したときの遮光面積から葉面積を算出する機械である。操作していて楽しい便利な機械だ。もっとも、葉面積計は植物園の研究室にはなかったので、本郷にある理学部植物学教室の植物生態学研究室におじゃまして葉面積を測らせてもらった。新聞紙にはさんで日光から持ち帰る間に葉が乾いてしまったのはご愛敬だ。ちょっとは縮んでしまっただろうか。こうしてそれぞれの種について、葉の長さと面積の関係を調べた。次に、最小二乗法という方法を用いて回帰式を計算する。今では、統計ソフトを使えば簡単に回帰式を計算できる。しかし当時は、統計の本を見ながら電卓を用いて計算するのが普通であった。私も、九種のカエデについて地道に回帰式を計算した。回帰式を得たら、長さを測定した一枚一枚の葉について面積を計算していく。これも電卓を使っての計算。当時とて、コンピュータが得意な人はコンピュータでやってしまったのであろうが、コンピュータが苦手な私は全過程が電卓であった。コンピュータが苦手な人もコンピュータの恩恵に簡単にあずかれる今とは大違いである。

図19に、こうした苦労の末に計算した葉面積のデータを示す。各節に着いていた葉の面積（対となっている二枚の葉の面積の和）は、その枝に着いていたすべての葉の総面積に対する割合（パーセント）に換算してある。そして、二対・三対・四対の葉を着けていた枝それぞれについて、各節の葉面積の割合の平均値を示している。仮軸分枝拡大型と単軸分枝拡大型では、枝の根本から先端に向かって徐々に葉が小さくなっていることがわかる。これらの種とて葉の大きさが同じわけではなかった。しかし大きさの変化は小さなものであり、このような変化はおそらく、たいていの樹木で観察できると思う。一方、二対目以降の葉が極端に小さいのは、ウリハダカエデだけでなく単軸分枝伸長型の特徴であった。この型の種ではどれも、一対目の葉が圧倒的に大きく二対目以降の葉はずいぶんと小さい。そし

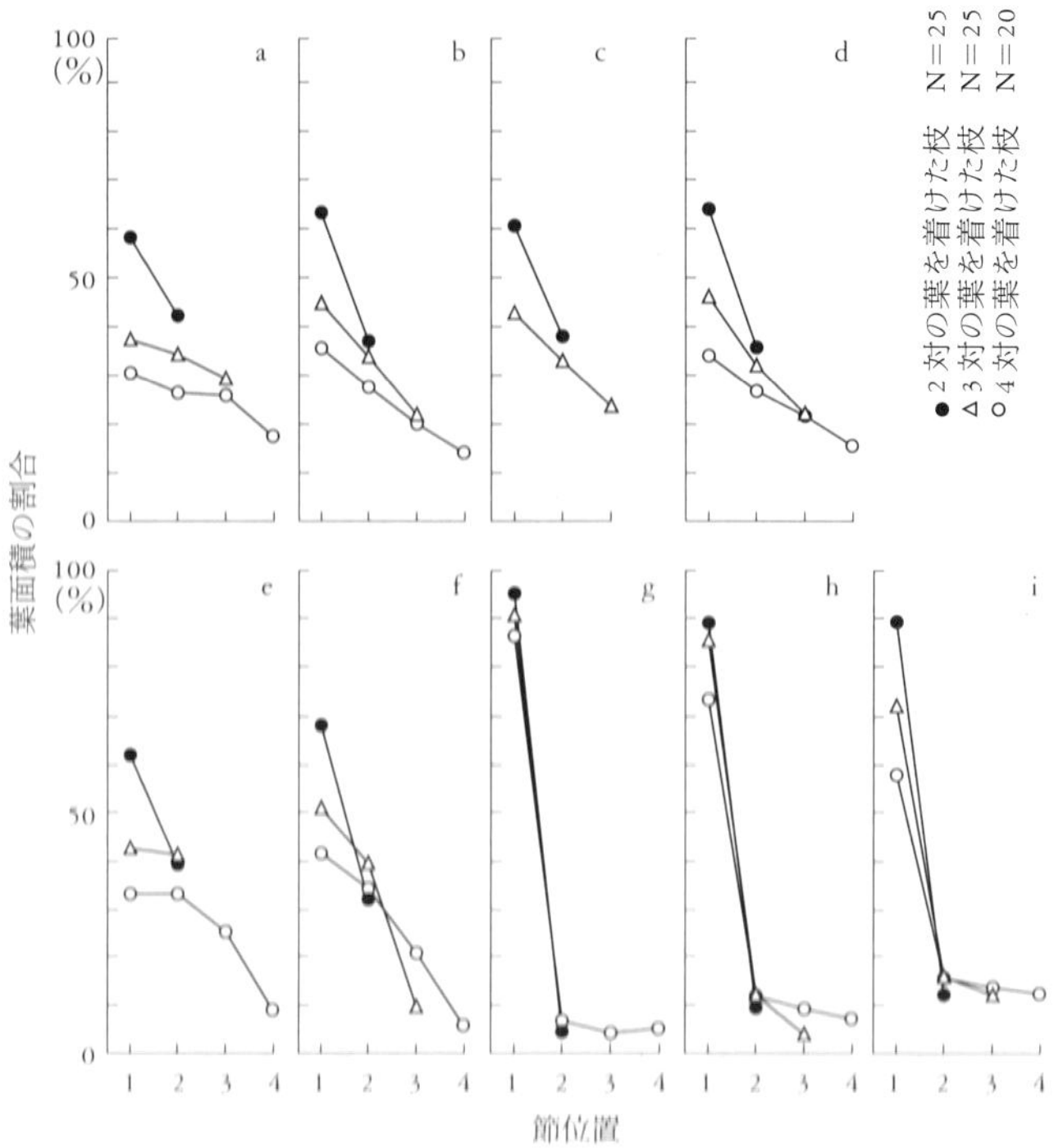

図 19　2対・3対・4対の葉を着けていた枝それぞれにおける，各節の葉面積の割合の平均値．節位置は，枝の根本の方から数えた位置である（番号が大きいほど枝の先に位置する）．各節に着いていた葉の面積（対となっている2対の葉の面積の和）は，その枝に着いていたすべての葉の総面積に対する割合（%）で示している．仮軸分枝拡大型：a) オオモミジ　b) コハウチワカエデ　c) ハウチワカエデ　d) オオイタヤメイゲツ　単軸分枝拡大型：e) イタヤカエデ　f) オニモミジ　単軸分枝伸長型：g) ウリハダカエデ　h) コミネカエデ　i) ヒトツバカエデ．

てこの傾向は、二対・三対・四対の葉を着けていた枝すべてに共通してみられた。単軸分枝伸長型では、一対の胚葉と一対の葉原基が冬芽の中に入っていたことを思い出して欲しい。胚葉(冬芽の中ですでに葉に分化している。四三頁図6参照)は大きく立派な葉に生長し、葉原基(小さな突起という感じ。図6参照)や、そもそも冬芽の中にはなかったものは小さな葉にしかならないということだ。これに対して仮軸分枝拡大型では、その年に展開するすべての葉が胚葉として冬芽の中に入っていて(九〇頁の図17)、開芽とともにこれらの葉がほぼ一斉に展開する(第二章第8節五〇頁参照)。そのため、葉の大きさはあまり変化しないのであろう。冬芽の中に二〜四対の胚葉が入っている単軸分枝拡大型においても、同様な理由で葉の大きさがあまり変化しないのだと思う。ただし、五対とか六対とか、もっと多くの葉を着けている枝(つまり、冬芽の中にあった葉となかった葉が混在している枝)で調べれば、冬芽の中になかった葉は小さいという傾向が見いだせるのかも知れない。しかし図19のデータではそのことはわからない。

図20は、四対(ハウチワカエデでは三対)の葉を着けていた枝における節の位置の平均である。枝の長さは同じに揃えてあり、枝の長さに対する各節間長の相対的な長さを示している。仮軸分枝拡大型では、根本の方から先端に向かって節間長がやや短くなっている感じである。図19の結果と併せると、先端に向かって徐々に、葉が小さくなり節間長も短くなるということだ。それに対し単軸分枝伸長型では、一番根本の節間長が非常に短い。一対目の葉がとても大きいかわりに、一対目の葉を支える節間は非常に短いということである。単軸分枝拡大型の二種の内、仮軸分枝拡大型と同じ傾向をイタヤ

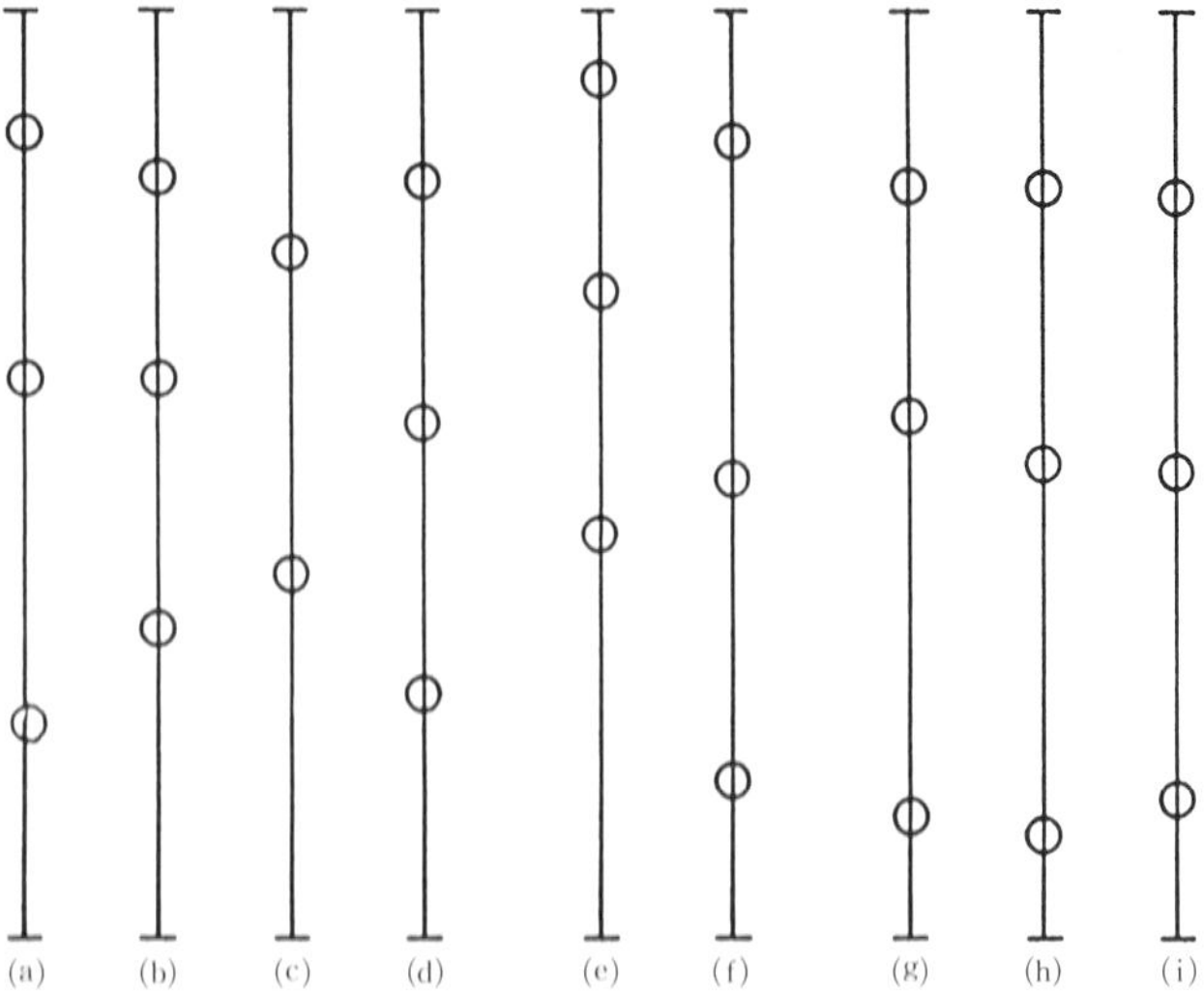

図20　4対（ハウチワカエデでは3対）の葉を着けていた枝における節の位置の平均．下の横棒は根本の節，上の横棒は先端の節，白丸はそれらの間の節．枝の長さは同じに揃えてあり，枝の長さに対する各節間長（横棒と白丸・白丸と白丸の間の長さ）の相対的な長さを示している．仮軸分枝拡大型：a）オオモミジ　b）コハウチワカエデ　c）ハウチワカエデ　d）オオイタヤメイゲツ　単軸分枝拡大型：e）イタヤカエデ　f）オニモミジ　単軸分枝伸長型：g）ウリハダカエデ　h）コミネカエデ　i）ヒトツバカエデ．

カエデは示したのに対し、単軸分枝伸長型と似た傾向をオニモミジは示した。ただしオニモミジの場合も、葉の大きさの変化は仮軸分枝拡大型と同じ傾向であったので、単軸分枝伸長型と同じ枝葉に類型化できるわけではない。

図19と20の結果をどのように解釈すればいいのか。仮軸分枝拡大型の場合はごく普通に考えればいいであろう。枝を伸ばし葉を広げ光を受ける。要は、枝上にで

きるだけ均等に葉面積を配置するということである。先端の方が葉が小さくなってしまうのが、葉の発生的制約によるものなのか、実は適応的な意味があるのかはわからない。問題は単軸分枝伸長型である。私はこのように考えた。一対目の葉とそれを支える節間はきっと短枝の機能を持っているのだ。つまり、一対目の葉は胚葉として冬芽の中に入っており、開芽後すぐに展開する。この葉の役割は、光合成を行って光合成産物を稼ぐことにあるのだろう。だから大きさも大きい。一対目の葉を支える節間が短いのは、短枝が短いのとまさに同じ理由で、枝への投資を抑え葉への投資を高めるためではないのか。これに対して、二対目以降の葉とそれらを支える節間は長枝の機能を果たしているに違いない。これらの部分は、一対目の葉の光合成生産に支えられて、できるだけ長く伸びる役割を担うのであろう。葉への投資を抑え葉を小さくし、その替わり、節間の伸長に光合成産物が投資される。そうして、他個体との高さの競争に勝つ。

この考えを確かめるためにはいくつかの実験が必要だ。最低限、開芽後すぐに一対目の葉を取り去ってしまったとき、その枝の伸長量が激減するのかどうかを確かめるべきである。もしもそうなったら、一対目の葉の光合成生産が枝の伸長を支えていることがわかるからだ。しかしすでに枝は伸びきっている。おまけに今冬には修士論文の提出なので、翌春まで待って実験をする暇はない。結局私は、右記の考えを確かめる実験はろくにやらずに知らん顔で済ませてしまった。

7　主軸の伸長量

さてここで、この研究の目的に立ち返ってみたい。この研究はそもそも、世代更新における林冠ギャップへの依存性の違いを調べることが目的であった。そのため、稚樹がどういう分枝伸長様式をしているのかを比較してきた。どんな大きさの林冠ギャップで更新することに適しているのかを見るためである。ところで、林冠ギャップを占有するためには上に伸長しなくてはならない。だから、生長の良い稚樹の絶対伸長量を調べることがそもそも大切である。

そこで私は、明るい環境にあって生育が良好な稚樹同士で、主軸（幹）の伸長量を比べることにした。調査対象は三種に絞った。仮軸分枝拡大型の代表としてコハウチワカエデ、単軸分枝拡大型の代表としてイタヤカエデ、単軸分枝伸長型の代表としてウリハダカエデである。後は例によって、生長の良い稚樹を探し回るわけだ。それにしても、日光でカエデの研究をやっている間、カエデの稚樹をどれほど探し回ったことか。日光分園内・寂光の滝周辺・裏見滝周辺・鳴虫山・男体山麓・中禅寺湖畔・湯の湖畔などなど。大げさではなく、日光中のカエデと知り合いになった感じである。

生長の良い稚樹を見つけたら、主軸上の芽鱗痕をたどって過去の伸長の様子を見ていく。そして、

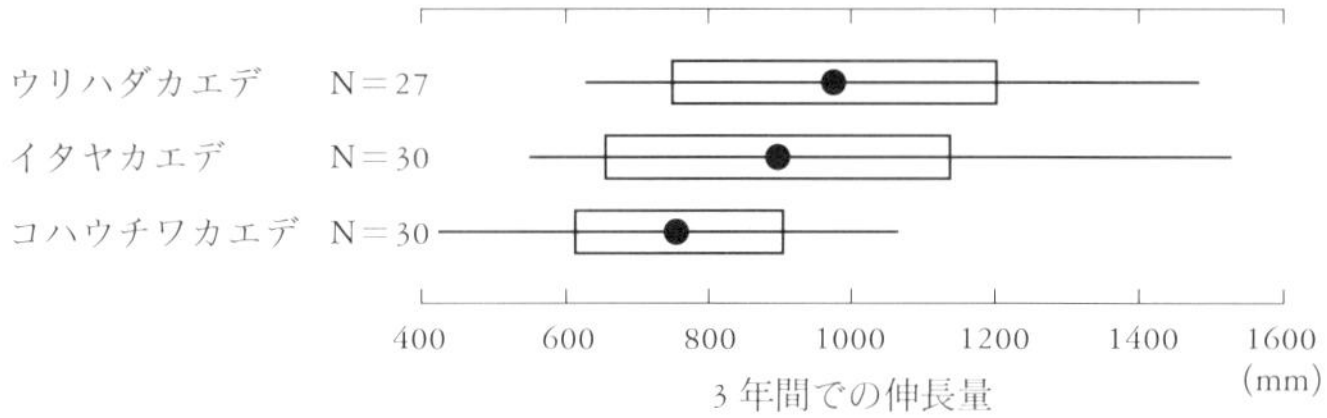

図21　ウリハダカエデ（単軸分枝伸長型）・イタヤカエデ（単軸分枝拡大型）・コハウチワカエデ（仮軸分枝拡大型）における，連続する三年間での主軸の伸長量．それぞれの調査稚樹について，もっとも生長が良かった三年間を記録した．黒丸が伸長量の平均値，長方形が±標準偏差，実線が伸長量の分布範囲を示す．

連続する三年間で、伸長が最も良かったのはどの三年間かを調べ、その三年間の主軸の伸長量をその稚樹の最大伸長量として記録する。三年間としたのは、一年間だけの比較よりも伸長量の差がつかみやすいであろうと思ったからだ。

図21が調査結果である。単軸分枝伸長型のウリハダカエデと単軸分枝拡大型のイタヤカエデは、仮軸分枝拡大型のコハウチワカエデに比べ主軸の伸長が良かった。一方、ウリハダカエデとイタヤカエデでは統計的に意味のある差はなかった。この結果は、仮軸分枝拡大型の伸長速度が他の二型に比べ遅いことを示唆している（九種全部について調べたわけではないので、こう結論するには慎重になる必要があるが）。

8　移植実験の結果

こうした一連の調査を行いながら、絶えず気にして見ていたカエデの稚樹がある。そう、一九八四年の暮れに畑に移植したオオモミジとウリハダカエデの稚樹だ。これらの稚樹は、林床で被陰されていた間、主軸に毎年一対の葉しか着けていなかった(このことは、葉痕を見ればわかった)。だからオオモミジの場合、一九八五年に開くはずの冬芽の中にも一対の胚葉しか入っていないであろう。ウリハダカエデの場合は、基本構造どおり、一対の胚葉と一対の葉原基が入っているはずである。

春になり季節が明るさを増すとともに、移植した稚樹の冬芽も膨らんできた。やがて、外側の芽鱗が開き内側の芽鱗が長く伸びだした。そして、一番内側の芽鱗が反り返るように開くと、閉じた扇子のように折り畳まれた葉が姿を現した。葉は、数日の内に葉身を広げ、柔らかい緑をまとった新葉となった。どの稚樹の主軸にも一対の葉しか開いていない。思ったとおりだ。しかし問題はこれからである。ウリハダカエデにせよオオモミジにせよ、明るい環境に生えている稚樹の主軸は何対もの葉を広げ長く伸びる。移植した稚樹も、冬芽の中になかった葉を作り出しながら伸びていくのであろうか。私の予想は、ウリハダカエデはそうやって伸びていくけれども、オオモミジにはその能力はなく、今年はもう伸びないというものである。

それからの私は、移植した稚樹の様子をどきどきしながら見やるのが日課となった。しかし、ウリハダカエデもオオモミジも、一対の葉を開いたきりなかなか変化しなかった。ウリハダカエデはちゃんと伸びるのだろうか。林床で被陰されていたせいでひ弱くなっていて、急にぐいぐい伸びるなんて無理かもしれない。一対の葉を開いたきりのウリハダカエデを見ながら、私は不安に駆られた。オオモミジに視線を移すと逆の不安がもたげる。このオオモミジは本当にもう伸長しないのだろうか。こんなにさんさんと太陽光を浴びているというのに。そしてある日――。ウリハダカエデの主軸が長く伸び始め新しい葉を作り出した！　オオモミジは？　葉の緑がずいぶんと深くなっているけれど、一対のままである。その日から不安は祈りに替わった。ウリハダカエデよどんどん伸びろ、オオモミジは伸びるな伸びるな。祈りは通じたようだった。私は、技官の高橋さんに、「あの実験、とてもうまくいっていますよ」と大喜びで報告した。オオモミジは、新しい葉を出さないかわりに枝がずいぶんと太くなっていた。光合成産物が、新葉の生産ではなくて枝の肥大に回されているのであろう。

夏。ふんだんに降り注ぐ太陽光の下で存分に光合成をしてきたオオモミジの葉は、黒と言ってもいいような緑と厚い葉身に変容していた。葉腋には、来年のための冬芽が形成され始めている。その頃には私は、実験はうまくいったと思いこんでいた。オオモミジは一対の葉でおしまいだと。ところが、移植した稚樹六個体中二個体で異変が起きた。冬芽形成が中途半端に終わり、枝が伸長を開始したのだ。来年のためのはずの冬芽が、その年の内に開芽伸長してしまったわけである（このような現象を二度伸びという）。せっかく作った冬芽がその年の内に開いてしまうなんて無駄なことだ。また、野外で自生しているオオモミジで、二度伸びしている個体など見たこともなかった。しかし怒ってもしょうがない。六個体中四個体では、一対の葉のままちゃんと冬芽形成をしたので、まあよしとしよう。

移植実験の結果を図22に示す。黒が、林床で被陰されていた一九八四年の主軸の伸びである。ウリハダカエデもオオモミジも、一〜三センチメートル程度しか伸びていなかった。白が、全天の畑に移植した後の生育季節（一九八五年）の主軸の伸長量である。ウリハダカエデでは、新しい葉を作り出しながら十数センチメートルから四十数センチメートルも伸びた。林床で被陰されていたときとは大違いである。一方オオモミジでは、全天の畑に移植したというのに、六個体中四個体で一〜二センチメートルしか伸びなかった。つまり、明るい環境に移ったという効果は、移植一年目の伸長には現れなかっ

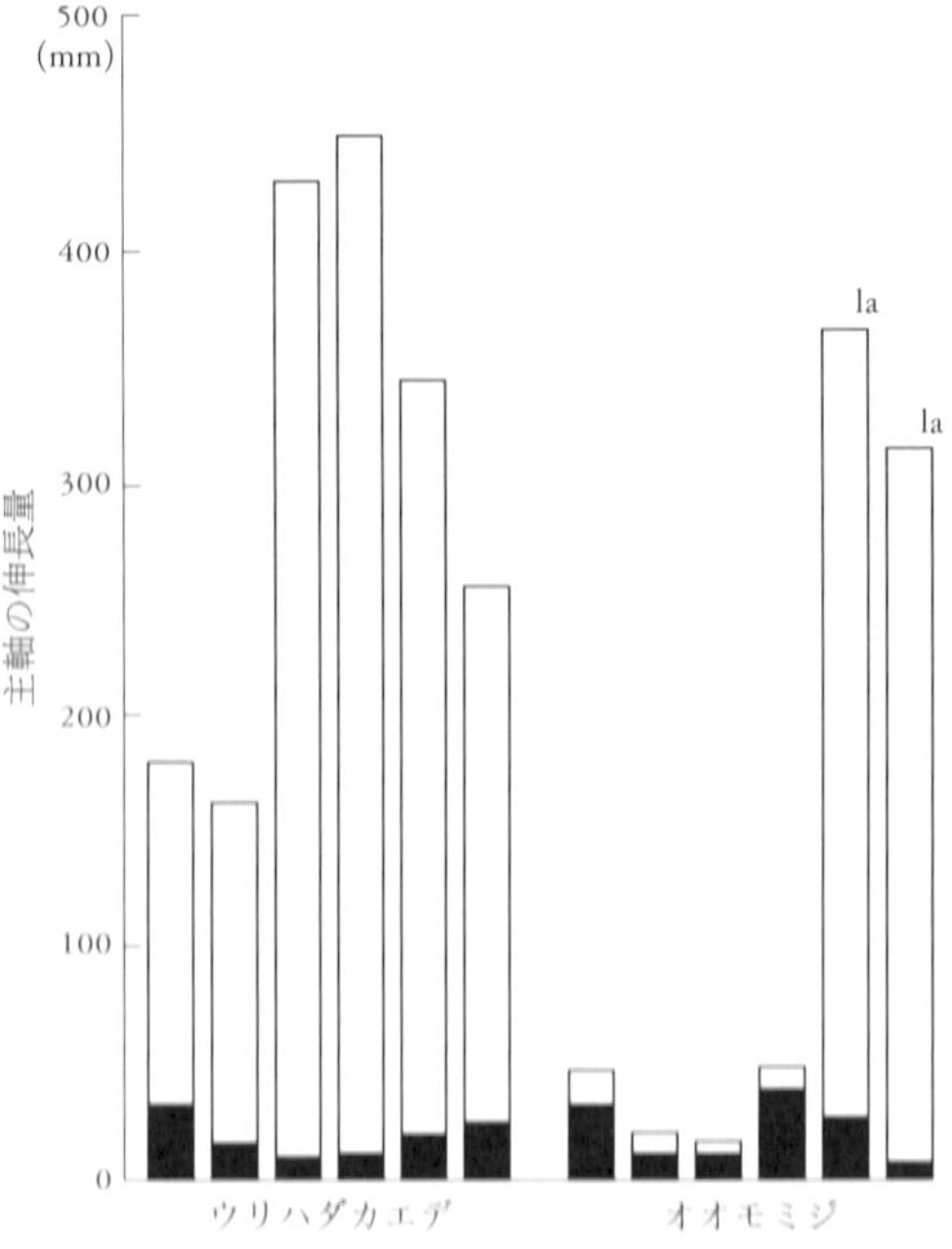

図 22　林床から全天の畑に移植した稚樹における，林床で被陰されていた 1984 年の主軸の伸長量（黒）と，畑に移植した後の生育季節（1985 年）の主軸の伸長量（白）．ウリハダカエデとオオモミジそれぞれについて，6 個体のデータを示す．la とあるのは二度伸びした個体．

たわけである。二度伸びした二個体は良く伸びたけれども、オオモミジの二度伸びはやはり異常現象と考えた方がいいであろう。そもそも自然環境では、林床から全天の畑に移るほどの劇的な光環境の変化は起きないし（林冠ギャップは、全天の畑に比べたら全然暗い）、すでに述べたように、野外のオオモミジは二度伸びをしないからだ。

だから、実験結果はおおむね期待どおりと言ってよいと思う。翌年の葉の数が前年の内に決まっていないウリハダカエデでは、光環境の好転に対応して良好な生長を開始することができた。こうした性質は、林冠ギャップができたときに良好な生長をすばやく開始して、林冠ギャップを占有して後継木となることに適しているであろう。一方、オオモミジでは、光環境が好転しても良好な生長を開始することができなかった。オオモミジではやはり、その年の生長量（着ける葉の数）が前年の光環境の元で決まってしまう（冬芽形成時に決まってしまう）のであり、光環境の変化に対する臨機応変さに欠けるということだと思う。こうした臨機応変さを犠牲にして、その年に着けるすべての葉を短期間で展開すること＝長い光合成期間の確保＝を選んでいるのであろう。

オオモミジは、長く伸びなかったかわりに大きくて立派な冬芽を作った。たぶん、中には何対もの葉が詰まっているのであろう。解剖して調べたかったけれども我慢して、移植二年目（一九八六年）の伸長量を見ることにした。移植二年目、ウリハダカエデはもちろん良好に伸長した。そしてオオモミジも、一九八五年の鬱憤をはらすようにいっぱい伸びた。オオモミジちゃん、「一巡遅れの春」である。

実験に用いたカエデはその後、日光分園の通御橋を渡った右手、カエデ林の入り口近くの遊歩道沿いに移された。久しく見ていないけれど、あのカエデたちは元気にしているであろうか。主軸の芽鱗痕を注意深くたどれば、ウリハダカエデでは一九八五年に伸長量が急に良くなり、オオモミジでは一九八六年に急に良くなった過去が読みとれるはずである。

9　三型の適応戦略

こうしてようやく、分枝伸長様式に関するデータが出そろった。その結果を表1にまとめ、改めて、三型の適応的意義を考えてみたいと思う。

すでに書いたように、林の中で世代更新している樹種では、高木が倒れたりしてできた林冠の穴——林冠ギャップ——の下で次世代をになう稚樹が育つ（第一章第3節二一頁参照）。このとき、同じ林冠ギャップの下にいる稚樹間で高さ生長の競争が起き、競争に勝った稚樹が成木となってその林冠ギャップを埋める。林冠ギャップの大きさが違うと林床に降り注ぐ光の量が違い、そのため、稚樹間の高さ生長の競争の度合いも違う。一般に、大きな林冠ギャップの下では、どの稚樹も良好に生長できるので高さ生長の競争が激しく、小さな林冠ギャップの下では、高さ生長の競争の度合いは小さい。

長様式の特徴

葉の大きさ	節間の長さ	主軸の伸長量
一対目の葉が大きい	一番根本の節間が非常に短い	大きい
枝の根本の葉から先端の葉に向かって徐々に小さくなる	オニモミジは単軸伸長拡大型に似る イタヤカエデは仮軸分枝拡大型に似る	大きい
枝の根本の葉から先端の葉に向かって徐々に小さくなる	枝の根本の節間から先端の節間に向かって徐々に短くなる	小さい

デ，仮軸分枝拡大型のコハウチワカエデの三種だけである．

私は、三型はそれぞれ、異なる大きさの林冠ギャップにおいて世代更新しているのだと予測した。その予測をまとめるとこうなる。

単軸分枝伸長型＝大きな林冠ギャップで世代更新

単軸分枝拡大型＝中間的な大きさの林冠ギャップで世代更新

仮軸分枝拡大型＝小さな林冠ギャップで世代更新

ここで、「大きな」「中間的な」「小さな」という言葉はあくまでも相対的な意味であり、ある絶対的な大きさを指しているわけではない。

単軸分枝伸長型では、頂芽由来の枝が長枝となり、腋芽由来の枝は短枝となる。頂芽由来の枝しか長枝にならないため、長い枝（葉をたくさんつけうる枝）の数は少ない。しかし、腋芽の開芽率が高くたくさんの短

表1　分枝伸

型	種	当年枝の長さ	葉	冬芽の開芽率
単軸分枝伸長型	ウリハダカエデ コミネカエデ ヒトツバカエデ	頂芽由来の当年枝だけが長い	冬芽の中になかった葉を展開	枝の先端の腋芽を除いて高い
単軸分枝拡大型	イタヤカエデ オニモミジ	枝の根本の節の冬芽由来の当年枝ほど短い	冬芽の中になかった葉を展開	枝の根本の節の冬芽ほど低い
仮軸分枝拡大型	オオモミジ ハウチワカエデ コハウチワカエデ オオイタヤメイゲツ	枝の根本の節の冬芽由来の当年枝ほど短い	冬芽の中の葉だけを展開	枝の根本の節の冬芽ほど低い

主軸の伸長量を調べたのは，単軸分枝伸長型のウリハダカエデ，単軸分枝拡大型のイタヤカエ

枝ができるので、光合成生産を行う葉群を維持することができる。このように、空間を確保するために長く伸びる枝（長枝）と、葉を展開して光合成を行うための枝（短枝）という役割分担ができているのがこの型の特徴といえる。

短枝の伸長への資源投資が抑えられた分、長枝の伸長に資源が回される。これは、主軸（長枝）が長く伸長する上で合理的な資源分配様式に違いない。また、葉の大きさと節間長の変化のデータからも、長枝が長く伸長するための合理性がうかがわれる。どういうことかというと、単軸分枝伸長型の長枝では、一対目の葉が大きいかわりに二対目以降の葉はとても小さく、逆に、一対目の葉を支える節間は短く、二対目以降の葉を支える節間は長かった。これはおそらく、一対目の葉の光合成生産に支えられて、二対目以降の葉を支える節間が長く伸びる仕組みなのであろう。一対目では節間よりも葉への投資（光合成器官への投資）、二対目以

降では葉よりも節間への投資（長さへの投資）という図式が見て取れるからだ。

事実、明るい環境において、単軸分枝伸長型であるウリハダカエデの主軸の伸長量は大きかった。もちろん伸長量は、葉の光合成能力などにも大きく依存するであろう。しかし、こうした分枝伸長様式の特性も伸長量の良さに関係しているに違いない。

単軸分枝伸長型では、冬芽形成時に翌年の伸長量（着ける葉の数）が決まってしまうわけではなく、その年に展開する葉の数はその年の環境条件によって決まる。この性質は、稚樹の上層を被っていた林冠木が倒れるなどして林冠ギャップができたとき、高さ生長をすばやく開始する上で有利である。

このように単軸分枝伸長型は、すばやい高さ生長を行うことに適しているように思える。では、この性質が威力を発揮する環境は？　大きな林冠ギャップの下など光条件の良い環境では、稚樹は良好に高く伸びることができる。そのため、大きな林冠ギャップを占有して後継木となるためには、他の稚樹との高さ生長の競争に勝たなくてはならない。単軸分枝伸長型は、大きな林冠ギャップにおいて世代更新する上で有利であると予測する。

一方、仮軸分枝拡大型では長枝と短枝の分化は起きていない。これは、少数の長枝を長く伸長させるというよりも、たくさんの枝葉を広げて大きな光合成体制を作り上げることにつながるであろう（本書では紹介しないが、このことは、博士課程に進んでから、コンピュータシミュレーションを用いて確かめた）。また、一本の長枝上で、葉の大きさは先端に向かって徐々に小さくなり、節間長も徐々に短くなった。これもやはり、葉を枝上にほぼ均等に配置するための性質に見える（すでに述べたように、徐々に小さくなる理由はわからないが)。これらの性質と関連してか、明るい環境において、仮軸分枝拡大型であるコハウチワカエデの主軸の伸長量は小さかった。

仮軸分枝拡大型では、その年に展開する葉がすべて冬芽の中に入っている。そのため、開芽とともに葉群がすばやく展開され、光合成を行う期間が長く確保される。

こうしたことから仮軸分枝拡大型は、すばやい高さ生長というよりも、効率の良い光合成体制を作る上げることに適しているのだと思う。この型は、小さな林冠ギャップ――他の稚樹との競争が少ないかわりに暗い――において世代更新する上で有利である予測する。

単軸分枝拡大型の分枝伸長様式は、単軸分枝伸長型と仮軸分枝拡大型の中間的な性質を持っている。だから単軸分枝拡大型は、両者の中間的な大きさの林冠ギャップにおいて世代更新する上で有利であると予測する。

10　どういう大きさの林冠ギャップで世代更新しているのか

いよいよ、右記の予測の検証へとこの物語は進む。時は一九八五年の春である。分枝伸長様式のデータを取る前のことなのであるが、その頃には、右記の予測は心の中ではすっかりでき上がっていたのだ。実際に手を動かした順序はあべこべでも、論文の中でつじつまが合っていればかまいはしない。枝の伸びを待つ間に私は、それぞれの種が、どういう大きさの林冠ギャップで世代更新しているのかを調べることにした。

まずは調査場所選びである。枝を集めたりといった今までの調査では、カエデを見つけさえすればよかった。生長が良いカエデが欲しいとか少々の条件はあったけれども、道端に生えているカエデだろうと林冠ギャップの下に生えているカエデだろうとかまわなかった。しかし今度の調査では、カエデがちゃんと世代更新している林を見つける必要がある。面積が狭い林では、順調に世代更新が行われているのかどうか不安だ。たとえ面積が広くても、頻繁に伐採が行われていたとかいった、人手の影響が大きい林では自然の姿を捉えることはできない。そして肝要なこととして、いろいろな種類のカエデが生えている林でなくてはならない。種間で、世代更新に利用する林冠ギャップの大きさを比較することが目的だからである。

日光分園内の林は、面積が狭いし人手の介入という点でも不安がある。日光分園の外の林を探そう。私は、去年一年間に見て回ったいろいろな林を思い浮かべた。そして目星をつけた場所に下見にいくことにする。まずは寂光の滝の周辺。日光分園から歩いて三〇分くらいのところである。寂光の滝は、女峰山の裾野を落ちる清楚な滝だ。落葉樹林に囲まれた中にあるので、新緑や紅葉の頃にことのほか美しい。滝の左手の斜面にはとくに綺麗な林が広がっており、その林が候補として思い浮かんだわけだ。しかし、その林の中を歩いてみると、けっこう斜面が急で、そのためか全体に樹高も低い印象を受けた。また、沢沿いの植生という感じで、カエデの種類も思ったほど多くなかった。ようするに、私が主に扱ってきたカエデ——ウリハダカエデとかオオモミジとかハウチワカエデとかイタヤカエデ——の本来の生息場所ではないという印象であった。調査場所としてはどうもよくない。次にいったのが中禅寺湖の南岸である。北岸は、国道が走り観光客で賑わうけれども、南岸には、大使館の別荘がいくつかあるだけで、観光客もほとんど足を踏み入れない。そして、カエデの種数の豊富さという点では、おそらく日光で一番であった。しかし現地でよく見てみると、調査場所としてはやはりどうもという気がした。一番気になったのは、湖の方から光が射し込むため、林床がけっこう明るいことである。林床がそもそも明るければ、世代更新における林冠ギャップの役割をちゃんと捉えることができないかもしれない。林が奥深く広がっているのなら、湖から離れた場所で調査すればよい。しかし人手の影響が少なそうな林は、湖沿いに細長く広がっている感じであった。

結局私は、男体山の南山麓の林で調査することにした。男体山（標高二四八四メートル）は、中禅寺湖の北に鎮座する霊峰である。その麓、中禅寺湖の北岸（標高一二〇〇メートル）に日光二荒山神社の中宮祠があり、そこから、男体山頂の奥宮へと導く登山道が始まる。登山道を登ってしばらくいくと、ブナ・ウラジロモミ林が右手に広がる。カエデの種数や個体数も多い林だ。社寺林なので人手もそんなに入っていないであろう。私は、この林を調査場所にすることにした。さっそく日光二荒山神社に調査の許可をお願いする。学術的な利用ということで快く許可して下さった。

次は、具体的な調査方法について考えなくてはいけない。一本の稚樹が、林床で耐え、うまいこと林冠ギャップの形成に巡り会い成木となるには何十年とかかるであろう。それをのんびり見ているわけにはいかない。どういう光環境下に個体がおかれているのかを生育段階ごとに調べて、そこから、世代更新に利用している林冠ギャップの大きさを類推することが現実的だ。そこで私は、カエデ一本一本について、大きさ（幹の直径）と、林冠木（林冠を形成する木）にどれくらい被陰されているのかを記録することにした（図23）。小さな個体では、林冠木の下にあって被陰されているものと、林冠ギャップの下にあってあまり被陰されていないものがある。一方、大きな個体では、自身が林冠に達している（自身が林冠木である）ことが多い。この場合には当然林冠木による被陰はない。だから、小さな個体や中位な個体は林冠木の被陰を受けているけれども大きな個体は被陰を受けていないならば、その種は、林冠木の下（小さな林冠ギャップの下）で生長して成木になっているということである。この場合、小さな林冠ギャップで世代更新していることがわかる。一方、小さな個体も中位の個体も大きな個体も林冠木の被陰を受けていないのならば、その種は、林冠ギャップの下で生長して成木になっているということだ。この場合、林冠ギャップで世代更新していることがわかる。

これ以外にも、成木の過去の生長速度を調べてデータを補強しよう。ある成木が、大きな林冠ギャップの下で生長したのならば過去の生長速度は良いはずである。逆に、小さな林冠ギャップの下で生長したのならば過去の生長速度は悪いはずである。だから過去の生長速度は、その成木の履歴を知る手がかりとなる。もっとも、芽鱗痕をたどって生長の様子を調べるという方法は成木には通用しない。幹が太くなるとともに芽鱗痕は消えてしまっているからだ。だから成木では、幹の長さの生長ではな

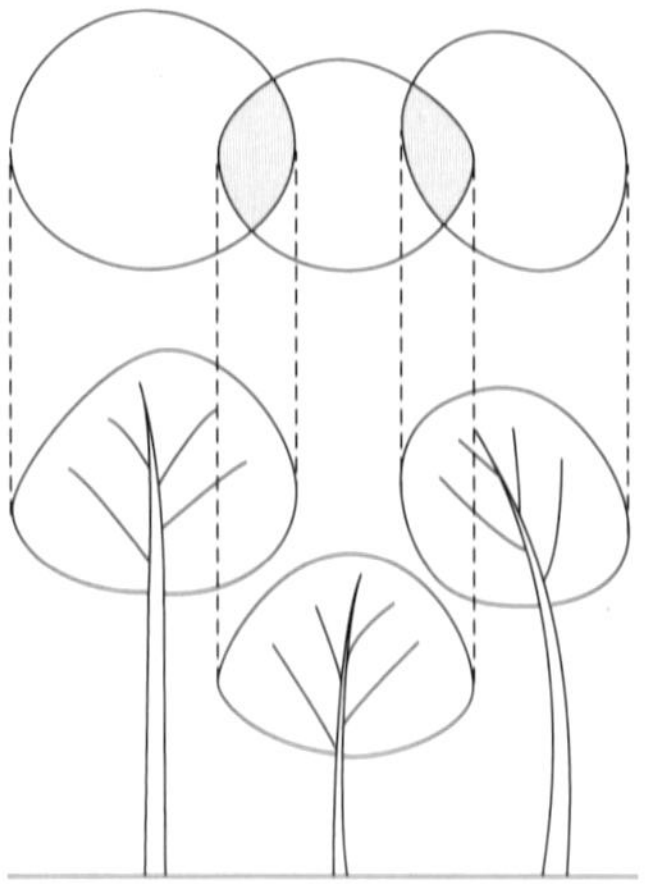

図23　対象木（真ん中の木）が林冠木（両側の木）にどれくらい被陰されているのか．対象木の樹冠面積の内，どれくらいの割合（黒い部分の割合）が被陰されているのかを記録していった．

く太さの生長を調べることになる。つまり、年輪の幅を測って、幹の直径の生長速度を調べるわけだ。とはいっても、成木を切り倒して年輪を読むなどという乱暴なことはしない。生長錐という道具を使って、できるだけ木を痛めずに年輪を読む方法を用いる。生長錐は、幹に直角方向にボウリングして、幹の内部を細長い棒状にくり抜く道具である。ボウリングというと大げさに聞こえるけれど、要は、先端がドリル状になっている中空の金属の棒（直径一センチメートルほど）を幹に人力でねじ込むという、力が頼りの作業だ。そうすると、金属棒の中空の部分に幹のサンプル（直径六ミリメートルほどの細長い棒状のもの）が取れる。そのサンプルを引っぱり出せば、幹の年輪を読んだり年輪の幅を測ることができる。ただし、年輪の中心を貫いたサンプルを取らないと、年輪の計測は不完全になってしまう。年輪の中心を貫くには技術と感と根気が必要である。

林を構成する個体群（同種の個体の集まり）の年齢分布も、その種の世代更新の特徴を知る手がかりとなる。一般に、個体の寿命が短い樹種は、大きな林冠ギャップに依存して世代更新している（ただし逆は真ならずである）。これは一つには、速い生長速度を獲得するために寿命の長さが犠牲になっているのかもしれない。個体の年齢は、生長錐のサンプルの年輪を数えて調べる。ただしサンプルには、その高さに達して以降の年輪しか刻まれていない。サンプルを抜いた高さに達するまでに過ごした年数はわからないので、その個体の本当の年齢を知ることはできない。

私は、以上の三種類のデータを取ることにした。調査場所を改めて書くと、男体山の南側斜面（標高一四〇〇メートル）に発達した針広混交林である。ブナ・ウラジロモミ・ダケカンバ・ミズメ・クマシデなどが優占している。調査面積は三〇〇メートル×一〇〇メートルほど。調査対象としたのは、単軸分枝伸長型のウリハダカエデ、単軸分枝拡大型のイタヤカエデ、仮軸分枝拡大型のオオモミジ・ハウチワカエデ・コハウチワカエデの計五種である。私は、林内を歩き回りこれら五種のカエデを探した。見つけたらまず、直径尺で、地面から一メートルの高さでのその個体の幹の直径を測る。直径尺とは、実際の長さではなく、円周率で割った値が目盛りとして記されている巻尺である。たとえば、実際の長さが三一・四センチメートルのところには一〇センチメートルの記しがある。幹に巻き付けて円周を測れば、直径がそのまま読みとれるわけである。三・一四で割る手間を省くだけの工夫ではあるが、野外調査では、こうした小さな工夫に有難味を感じるのだ。直径を測ったら、その個体の樹冠が林冠木にどれくらい被陰されているのかを三段階で記録する。そして生長錐で幹をボウリングし

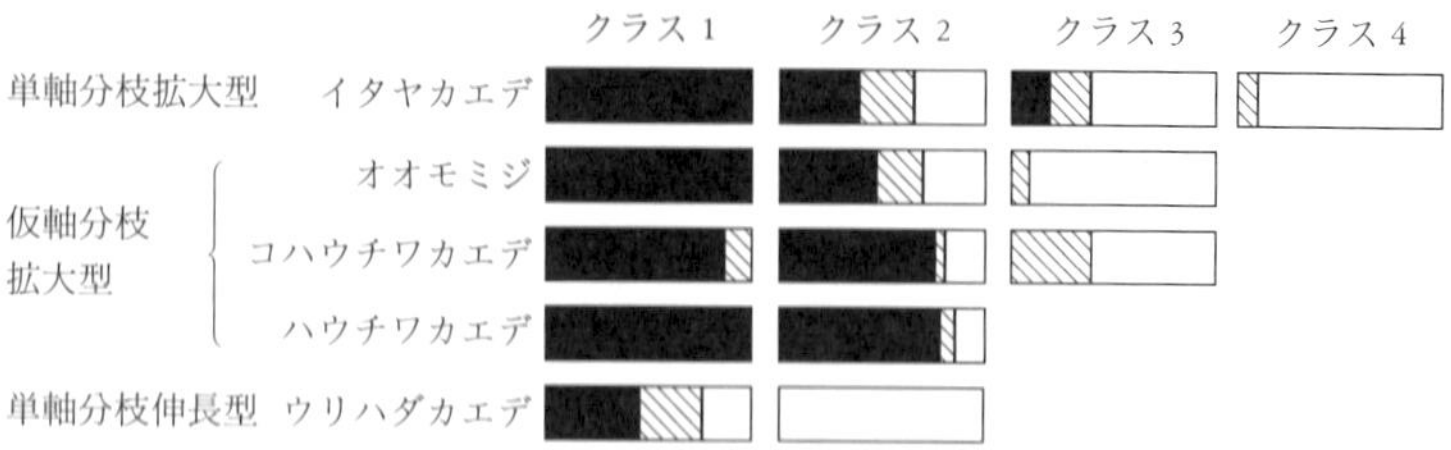

図24　各サイズクラスの個体の，林冠木による被陰の割合の頻度分布．黒：自身の樹冠投影面積の2/3以上が被陰されている個体，斜線：1/3―2/3が被陰されている個体，白：1/3以下しか被陰されていない個体．サイズクラス1：高さ1mにおける直径が5cm以上15cm未満の個体，サイズクラス2：直径が15cm以上25cm未満の個体，サイズクラス3：直径が25cm以上35cm未満の個体，サイズクラス4：直径が35cm以上45cm未満の個体．

て、年輪計測用のサンプルを取り出す。研究室にサンプルを持ち帰り、表面を紙やすりで研いで年輪を読みやすくしてから、実体顕微鏡で覗いて年輪を数える。この年輪数が、その個体の年齢の代用である。さらに、年輪の生長幅を測って、幹の直径の一年間あたりの生長速度を記録した。

図24に、各サイズクラスの個体が林冠木にどれくらい被陰されていたのかを示す。まずはサイズクラス分けの説明。高さ一メートルにおける幹の直径が、サイズクラス1の個体は五センチメートル以上一五センチメートル未満、サイズクラス2の個体は一五センチメートル以上二五センチメートル未満、サイズクラス3の個体は二五センチメートル以上三五センチメートル未満、サイズクラス4の個体は三五センチメートル以上である。ちなみに、この林の林冠を構成するのは、直径三〇センチメートルくらいから一〇〇センチメートルくらいのブナ・ウラジロモミ・ミズメ・ダケ

カンバ・イタヤカエデなどであった。被陰の程度は、自身の樹冠（厳密には、樹冠を水平面に投影したときの面積）の三分の二以上が被陰されているものが黒、三分の一から三分の二が被陰されているものが斜線、三分の一以下しか被陰されていないものが白である。種ごとサイズクラスごとに、被陰の程度の相対頻度分布を示している。仮軸分枝拡大型の三種と単軸分枝拡大型のイタヤカエデでは、サイズクラス1と2の個体は林冠木にかなり被陰されていることがわかる。サイズクラス3以上になるとあまり被陰されていない。これに対して単軸分枝伸長型のウリハダカエデでは、サイズクラス2の個体はほとんど被陰されておらず、サイズクラス1の個体の被陰の程度も他の四種に比べ小さい。すでに書いたように、大きな個体が被陰されていないのは、自身が林冠木（またはそれに近い高さ）になっているためである。それに対して小さな個体が被陰されていないのは、その個体が林冠ギャップの下にいることを意味する。つまり単軸分枝伸長型のウリハダカエデは、仮軸分枝拡大型や単軸分枝拡大型の種に比べて林冠ギャップの下に出現しやすいということである。ただし、ウリハダカエデが林冠ギャップの下を選んで生えていると考えるのは不自然だ。生えている場所がたまたま林冠ギャップとなった個体が枯死を免れたり大きくなれたりして、結果として、林冠ギャップの下にある個体の頻度が増えているということであろう。

幹の直径の生長速度は、単軸分枝伸長型のウリハダカエデが非常に大きく、それに続くのは単軸分枝拡大型のイタヤカエデで、仮軸分枝拡大型の三種はどれも小さかった（図25）。この結果は、ウリハダカエデが明るい環境で生育してきたことを示唆している。イタヤカエデもけっこう明るい環境で生

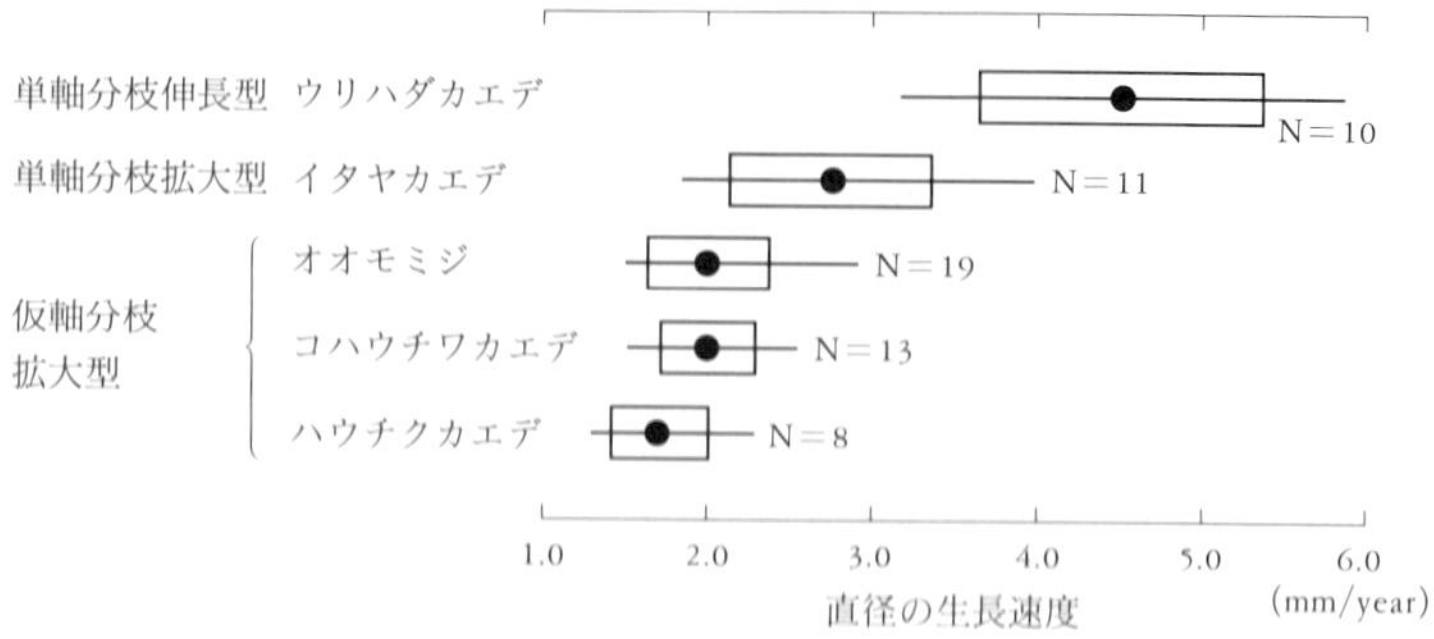

図25　幹の直径の生長速度．黒丸が生長速度の平均値，長方形が±標準偏差，実線が伸長量の分布範囲に示す．

育してきたのかもしれない。もっとも、同じ光環境に生えていても幹の生長速度がそもそも違うならば、図25の違いは何を見ているのかということになりかねない（昔の私にそう言ってあげたい）。ちなみに、別の機会にこれら五種について、完全に閉じた林冠下で被陰されている実生の幹の直径の生長速度を調べたところ（このデータは図25の中には含まれていない）、ウリハダカエデで平均〇・三五ミリメートル／年、イタヤカエデで平均〇・四九ミリメートル／年、オオモミジで平均〇・三五ミリメートル／年、コハウチワカエデで平均〇・四五ミリメートル／年、ハウチワカエデで〇・三三ミリメートル／年ほどでしかなかった。つまりどの種も似たりよったりの小ささである。これに比べると図25のデータは、仮軸分枝拡大型の三種で四・四～五・八倍くらいなのに、ウリハダカエデではなんと一三倍である。図25のデータはやはり、育った環境の違いを反映していると思うのだが。少なくとも、ウリハダカエデは林冠ギャップの下に出現しやすいという図24のデータとは矛盾しない結果である。

図26は、高さ一メートルにおける幹の直径が五センチメートル以上の個体の年齢（高さ一メートルでの年輪数）の頻度分布である。単軸分枝伸長型のウリハダカエデの年齢分布が、ひときわ若い方に偏っていることがわかる。他の四種の年齢分布はだいたい同じような感じだ。「個体の寿命が短い樹種は、大きな林冠ギャップに依存して世代更新している」という一般傾向に照らし合わせると、ウリハダカエデが大きな林冠ギャップに依存して世代更新していることが窺われる。

以上の結果から、単軸分枝伸長型のウリハダカエデが林冠ギャップに依存して世代更新をしていることは間違いないと思う。一方、仮軸分枝拡大型の三種と単軸分枝拡大型のイタヤカエデでは、林冠ギャップへの依存性は明瞭ではなかった。これは、単軸分枝伸長型が大きな林冠ギャップで世代更新しており、仮軸分枝拡大型は小さな林冠ギャップで世代更新しているという予測を支持する。繰り返すが、「大きな」「小さな」は相対的な意味である。高木種・亜高木種の更新過程の常識（どの種も、多かれ少なかれ林冠ギャップに依存して世代更新している）から考えて、仮軸分枝拡大型は「小さな」林冠ギャップで世代更新していると書いたわけだ。このように、単軸分枝伸長型と仮軸分枝拡大型では、分枝伸長様式の分化と対応した世代更新環境の分化を見ることができた。残念ながら、イタヤカエデが、中間的な大きさの林冠ギャップで世代更新しているという証拠は得られなかった。私の論文を読み返すと、幹の直径の生長速度がイタヤカエデでは二番目に大きい（図26）というデータだけで、「中間的な大きさの林冠ギャップで世代更新することを示唆」などと書いている。しかしさすがに、若気のいたりを繰り返す歳ではなくなってしまった。

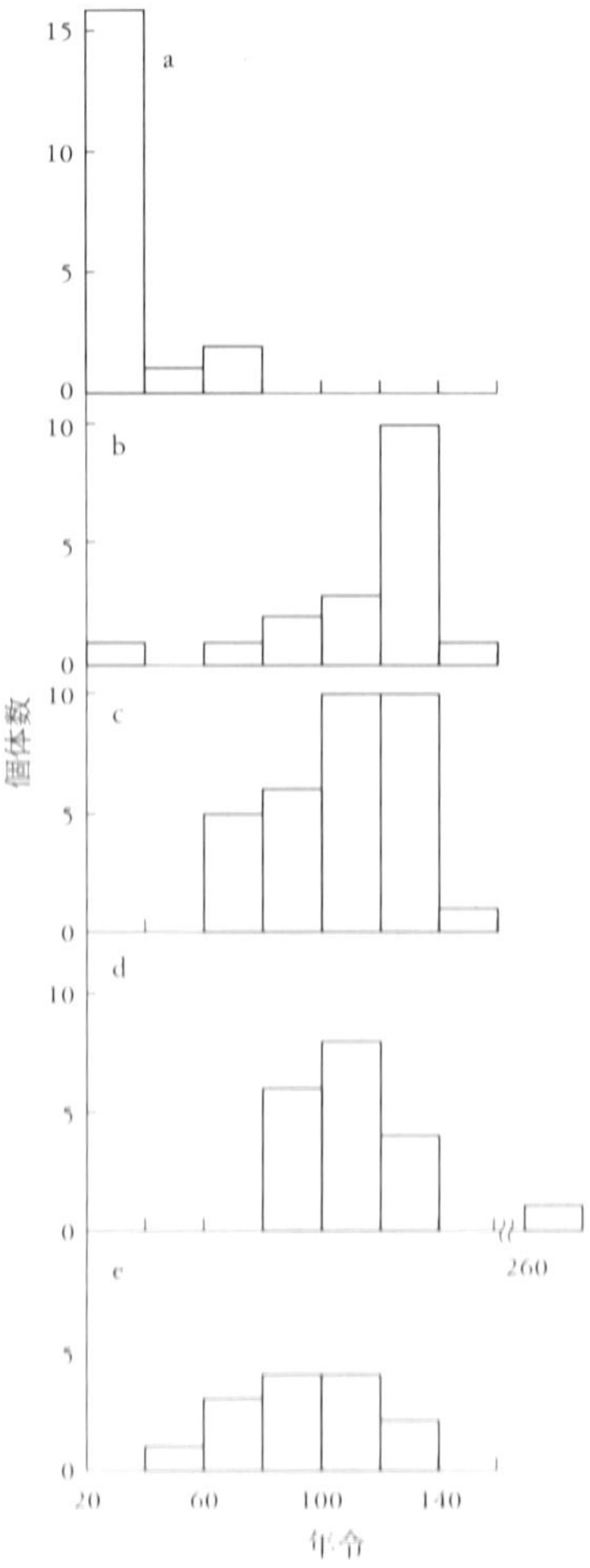

図 26　高さ 1m における幹の直径が 5cm 以上の個体の年齢（高さ 1m での年輪数）の頻度分布。単軸分枝伸長型：a）ウリハダカエデ　単軸分枝拡大型：b）イタヤカエデ　仮軸分枝拡大型：c）オオモミジ　d）コハウチワカエデ　e）ハウチワカエデ。

第四章◎論文を書く

1　修士論文の構想を練る

一九八五年の秋、修士論文に必要なデータを私は取り終えた。そして改めて、修士論文の構想を練った。どういう修士論文を書くか——そのことは、調査をしながら、研究室でデータ処理をしながら、研究室セミナーを聞きながら、テレビでサッカーを見ながら、常に頭の片隅で考えていたことである。しかし、構想を実際に練り上げたのは、東京から日光に向かうある夜であった。

その日私は、小石川本園の研究室を夕方に出て日光に向かった。日光行きの快速電車がその時間には終わっているのは知っていたけれども、普通電車を乗り継げば日光にたどり着けるだろうと高をくくっていた。しかし現実は過酷であった。普通電車を乗り継ぎ乗り継ぎ、ときには何十分という待ち時間に耐え、東武日光駅にようやくたどり着いたときには夜はすっかり更けていた。私には、後から来る電車に結局は乗ることになるとわかっていても（先発の電車は途中駅止まりで、後発の電車がその先までいくときなど）、先発の電車に乗ってしまう習性がある。どうしても、早く先に進みたくなってしまうのだ。そして先発電車の終着駅で後から来る電車を待つ。そんなことを何回か繰り返したあげくの東武日光到着であった。後に、日光分園の人たちと、「快速が終わった後に、東京から日光に普通電車で来ることができるのか」という話題になったことがある。否定的な論調が続く中、日光の生き字引のあの柴田さんが、「そう言えば酒井君は、快速が終わってから来たことがあるんだ」と驚いたほどであった。その東武電車の夜に私は、修士論文の構想を一挙に練り上げた。乗り換えを待つ新栃木の駅。駅の周りには何もない様子で、ホームからは暗闇しか見えなかった。あまりの暇さと考えることの面倒臭さがしばらく格闘した後、私は、ベンチに座ってノートを取りだした。そしてホームの灯りを頼りに修士論文の構想を書き連ねていく。その作業は、真っ暗な中を東武日光へと走る各駅停車の中でも続いた。東武日光に着く頃には、本書の第二章と第三章で説明したことを中心とする修士論文の構想ができ上がっていた。

修士論文執筆を控えた学生は、執筆に入る前に、修士論文の内容をまとめて研究室セミナーで発表することを求められる。私にも、修士論文の構想を話すための研究室セミナーが割り当てられた。修士論文の内容は、自分ではもちろん面白い思っている。しかし、面白いと思って研究室セミナーで発表したことが、ことごとく粉砕されてきた過去があった。歴史は繰り返されるのか。もっとも、発表の最中にはそんな不安はどこかにいっており（それは毎度のことであった）、嬉々として修士論文の内容を説明した。発表と議論が終わった後、「今日はいじめられなかったな」と私は思った。そして綿野さんが一言、「ものすごく良くまとまっているのでびっくりしました」といって下さった。私は、研究室セミナーで初めて誉められた。

しかしこれで満足してしまうのは早い。修士論文は一つの研究成果であり、「先生に出すレポート」とは違う。だから、自分の研究室の人たちに合格の判子をもらっただけで済ませてはいけないのだ。科学研究の成果として世間に通用するのかどうかを試さなくてはならない。よし、他の研究室でも話をさせてもらおう。私はそう決意して、修論行脚の旅に出ることにした。まずは、我が古巣である、京都大学理学部附属植物生態研究施設の研究室セミナー。「酒井が帰って参りました」という感じである。ここでのセミナーでは、原登志彦さんに分枝角度のことを指摘された。すばやく伸びるのが単軸分枝伸長型の特徴で、効率的な受光体制を作るのが仮軸分枝拡大型の特徴ならば、分枝の方向——垂直方向に伸びるのか、水平方向に広がるのか——も違ってくるはずだ。実際、野外で稚樹形を見た感じでは、「単軸分枝伸長型＝細長い樹形」「仮軸分枝拡大型＝水平に広がった樹形」という印象があった。しかし、分枝の方向についてのデータはない。やむなし。高田師匠のコメントも期待していたのだけれど、高田さんは、セミナーの途中で帰ってしまった。お子さんを保育園に迎えにいく時間だったそうな。次にセミナーをさせてもらったのが、東京大学理学部植物学教室の植物生態学研究室。私が所属していた小石川の植物分類学研究室は、理学部植物学教室を構成する研究室の一つという感じであったので、植物生態学研究室とは普段から交流があった。しかし、セミナーで話をさせてもらうのはこのときが初めてである。当時の植物生態学研究室には、佐伯敏郎先生をはじめ、広瀬忠樹さん・丸田恵美子さん・鷲谷いづみさん・寺島一郎さん・竹中明夫さん・舘野正樹さんなど、錚々たる人たちがいた。今はすごい人がいないという意味ではない。今は――、研究室そのものが潰されてしまい、東大の植物学教室からは生態学の研究は消滅している。木村允先生率いる東京都立大学理学部植物生態学研究室でもセミナーをさせていただいた。これら研究室でのセミナーも、おおむね好評であったと私は思っている。

2　修士論文執筆

修論行脚を終え、いよいよ私は修士論文を書き始めた。修士論文の提出期限は一九八六年の一月末。うろ覚えではあるが、一九八五年の秋に執筆を開始したと思う。これはかなり余裕のある方であった。多くの学生は、実験・調査やデータ解析を間際までしていて、一二月になってからようやく修士論文を書き始める。中には、年が明けてから書き始めるものさえいる。書き始めが一二月以降の場合、一月は研究室総出の手伝いとなる。文章を校正する人、図を描く人、コピーする人。まさに入稿間際の編集部という感じだ。なかには、修士論文の構想まで人に考えてもらう学生もいるのだから情けない。その点私は優等生で、人の手を煩わせることもなく、時間的には余裕を持って修士論文執筆を進めていった。私の余裕の姿を見たある人は、「締め切りに追われていろいろ苦労すると成長するんだよ」とのたまわった。この人は、成長の意味がわかっていないようだ。時間に追われての苦労など何の糧にもならない。十分な時間の元にじっくり考える方が成長するに決まっているではないか。

さて、執筆の中身の話をしよう。実を言うと、日本語が母語なのだから、日本語の文章など簡単に書くことができると私は思っていた。それがとんでもない思い違いであることがわかったのは、修士論文を書き始めてからである。私には、論文などの実務的文章を書く上で大切なものが備わっていなかった。――論理を明確にすることとわかりやすい表現にすることの二つができなかったのである。その原因は明白で、日本の国語教育の欠陥のせいである（断言してしまう）。私は、小学校・中学校・高校・大学を通して、論理的でわかりやすい文章を書く技術に関する教育を一度として受けたことがなかった。作文の時間は情操教育みたいなもので、書いた中身に関する指導はあっても、書きたい中身をいかにして他者に伝えるかという技術的な部分はほっておかれた。作文以外の国語の時間は、文章を読んでそれを読解するということばかりであった。この時の主人公の気持ちは？　とか、著者がここで言いたいことは何なのか？　とか。読んでもわからないのは、書き手の責任ではなく読み手の責任にされてしまうのが日本の国語教育だ。文学作品はまあいいとしよう。しかし、読み手が一所懸命に考えないと著者の言いたいことがわからない評論なんてありなのだろうか？　一方、科学の世界では、読んでもわからないのは書き手の責任であって読み手の責任ではない。わからない論文を書く方が悪いのだ。それも当然で、論文というのは、読者に読んでもらいたいからこそ、自分の発見を正しく読者に伝えたいからこそ書く。「伝えたい」という書き手の意志があることが、論文が生まれる根源である。ならば当然、論理的でわかりやすい論文を書かなくてはならない。論文の主張が読者に伝わらないことで損をするのは書き手なのだ。

私はまず、原稿の始めの部分をノートに手書きで書いてみた。修正を加えたりしている内にノートの書き込みはぐじゃぐじゃとなった。原稿が完成したら人に見てもらう必要があるけれども、この調子では判読不能の原稿ができあがってしまう。原稿用紙に清書しようか。しばらく考えて私は、小石川本園の事務室においてあったワープロの前に座った。思い切って、ワープロで修士論文を書こうと決意したのだ。今では、ワープロで文章を書くことなどごくごく当たり前、常識以前といった感じである。しかし当時はそうではなかった。ワープロを使って修士論文を書いたのは、植物園の研究室では私が第一号なのである。一つ上の代までは皆、手書きで修士論文を書いていたのだ。もっとも私は、ワープロの操作の仕方も日本語の入力の仕方も全然知らなかった。付きっきりで教えてもらい、一分くらいかかって「酒井聡樹」と打ってみたりしながら、ワープロに少しずつ慣れていった。

ワープロが使える見通しがたったので、机に座って原稿の下書きを進めることにした。一週間ほどで下書きは完成。これをワープロに入力しよう。しかし、ただでさえ入力速度が遅い私には、原稿と手元と画面を見ながら入力するのは気の遠くなる作業であった。言うまでもなく、キーボードを見ないとキーの位置などわかるはずもなかったのだ。結局、隣で原稿を読み上げてもらいながら入力することになってしまった。

打ち上がった原稿を読み直して、少々の修正を手書きで加える。そしてワープロで打ち直して、私の実質的指導者であった矢原さんに修士論文の第一稿を渡した。「真っ赤がいい？　真っ黒がいい？」と矢原さんが聞くので、「真っ赤がいい」と私は答えた。翌日、研究室に矢原さんが姿を現した。目を合わせないようにしていると、矢原さんの方からつかつかとやって来て、

「いいんちゃう。」

カエデの分枝伸長様式に関して、もう調べることがないくらい調べていると感心して下さったようだ。矢原さんにも初めて誉められた。しかし、返された原稿は真っ赤に修正されていた。そして、「見た目よりも傷は深くない」と言う。隅から隅まで赤ペンでびっしり修正されている原稿を見ながら、血だらけの人に向かって「大した傷ではない」と言うようなものだなと思った。

私はまず、矢原さんのコメントを解読していった。そして、コメントに従って猛然と原稿を書き直した。修士論文にせよ科学雑誌に投稿する論文にせよ、論文を書くことに喜びを感じるのが私の良いところなのだ。もっとも、コメントに従って原稿を直せば修士論文はでき上がりかというと、そんな考えはとてつもなく甘い。これから、再提出しては修正され、再提出しては修正されというやりとり

が続くことになる。こうした往復が続く理由は三つ。第一に、執筆する側（私）とコメントする側（矢原さん）で意見が一致しない場合。こういう風に修正せよとコメントしてあっても、納得できない場合だってある。そういう場合には、修正意見を採り入れなかったり別の直し方をして再提出する。論文執筆の主体はあくまでも私なのだからこうした対応は当然だ。納得しようとしまいと言われるままに直すだけでは、私は単なるワープロ打ちである。第二に、この部分をこういう方向で修正せよとか、この部分の論理がおかしいとか、こういう解析を付け加えよといった、具体的な修正内容は自分で考えなくてはならない場合。コメントの中には、書き込んであるとおりに直せば済んでしまうもの（細かい字句の修正など）もある。しかしもちろん、自分で考えて修正案を作らなくてはならないコメントもたくさんもらう。そうしたコメントに対する修正案のできが悪ければ、当然のことながら再提出を命ぜられることになる。第三の理由は、修正というものはどうしても段階的に進むものだからである。たとえば、初めて会った数十人の候補の中からいきなり一一人の選手を選んで、最強のチームを作ることなどできるわけがない。まずは基本能力を見て選手を二〇〜三〇人に絞り込み、それから、君はフォワードに向いている、君は中盤の選手だという感じで絞っていく。その上でさらに細かい役割を与えていくというのがチームの作り方だと思う。同様に、わけのわからない初稿に、こう修正すれば完璧というコメントをいきなり付けるなんて神の業だ。まずは何を主張したいのかを明確にさせるとか、論理性を整えて筋が通ったものするとか、その上で個々の修正を加えるとかして、だんだんとでき上がっていくのが論文なのだ。

というわけで、矢原さんと私の間を原稿が行き来する日々が続いた。あるときは、矢原さんの達人なコメントにたったの三日ででっち上げた修正原稿を渡した。予想どおり矢原さんは、

「何を言いたいのかわからん。」

「あれ、自信ないんです。三日で一挙に直しちゃって、その勢いで渡してしまいました。」

「予想どおり」なら渡すなって。「自信ない」のならもっと考えろって。

手書きだと、原稿を修正するのが大変である。マス目の空白数とぴったり同じ数の修正文をひねりだしてマス目を埋めるなどという高等技も強いられたそうだ。その点、ワープロはしごく楽ちんだ。「修正したいけれど大変だから」という理由で修正を諦めなくてもよくなった。ワープロの発達は、良い論文を書くことにとてつもなく大きな貢献をしていると思う。

かくして私の修士論文は、矢原さんと私の間を十回ほども行き来したように記憶している。いつまでたっても合格をくれない矢原さんに「なぜなの！」という思いは募ったけれど、こうした苦労こそ、本当の意味で成長の糧となった。書くことは考えることなのだ。そもそも、自分が何を考えているのか自分自身でわかっていなかったら、自分の考えが文章を通じて他人に伝わるわけがない。他人に伝わる文章を書く努力は、自分の考えを明確にすることにつながる。また、自分の考えに矛盾や浅はかな点があったら、文章を通じてその考えを他人に納得させることなどできはしない。他人が納得する文章を書くということは、自分の考えを論理的で矛盾のないものにするということである。

ようやく矢原さんの合格をもらった。第一稿の文章などかけらも残っていない。すっかり様変わりした原稿を、本当の指導教官である岩槻先生に渡した。こちらはあっさり済み、私の修士論文は完成した。締め切りの三日前に植物教室事務室に提出。事務官の鈴木さんは、「あらずいぶん早いのね」と珍しがっていた。ほとんどの人は、締め切り日の締め切り時間ぎりぎりに提出するのだ。私は、早めに提出してしまうことに喜びを感じるたちであった。

3　修士論文発表会

修士論文は、修士号を取得するために大学に提出するものである。だから当然、修士論文としてふさわしいかどうか審査を受ける。一般には、提出した修士論文を読んでの審査と、修士論文の内容を大勢の前で発表しての審査の二つがある。修士論文を提出してしまえば、前者の審査は審査員の教官まかせの面が強い。だから修士論文提出後は、修士論文発表会に向けての準備に専念することになる。自分の研究内容を限られた時間（東大植物教室の場合、発表時間は二〇分、質疑応答の時間は一〇分だった）でわかりやすく正確に伝えること。それができるかどうかで、修士論文に対する評価はがらりと変わってしまう。良い研究ならば聴き手はわかってくれるなどと思うのは甘い。ほとんどの聴き手は、発表者のために親身になってくれたりはしないからだ。わけのわからない言葉の海から、発表者の真意を探ってくれたり行間をくみ取ってくれたりという努力を期待しても無駄である。「こいつは何が言いたいんだ！」といらいらが募り、発表者に対する評価も下がっていく。そして、わかりにくい発表をしたがゆえに、研究内容そのものに対する評価も下がってしまうのだ。聴き手に伝わらない内容は評価されようがないのだから、「伝わらない＝内容がない」という図式になってしまうわけである。論文の書き方と同様に発表の仕方も、聴き手に伝わることを第一に考えなくてはいけない。

　論文を書いてしまったのだから、口頭発表で聴き手に「伝えること」も簡単にできると思うだろうか。答えは否。論文で読者に伝える技術と、口頭発表で聴き手に伝える技術は別物であり、もしかしたら後者の方が難しいかもしれない。論文なら、わからないところは何度でも読み返せるし、いくらでも時間をかけて考えることができる。前の方に戻って読み直したってよい。つまり、論文を読むことは読み手のペースで行うことができる。それに対して口頭発表は、発表者のペースで行われる。聴き手にしてみると、わからない部分を考えている内に話は先に進んでしまうし、話のどこかを聞き漏らしたら、その部分の情報が抜けたまま後の話を聴きとおさなくてはならない。もちろん、話の前の方に戻って確かめることはできない。発表を途中でさえぎってわからないところを質問することは、非公式な研究発表会ではよく行われているけれども、学会発表とか修士論文発表会では普通は慎まなくてはいけない。図表と言葉だけで伝える一過性の情報——それが口頭発表の特徴である。だから、図表とそれを説明する言葉を工夫して、一度の説明だけで聴き手がすんなり理解できるようにしなくてはならない。そして、発表者が説明する速度と聴き手が咀嚼する速度を合わせることも大切である。説明の速度が咀嚼の速度よりも速ければ聴き手はついてこれないし、逆の場合には、話の遅さに聴き手は退屈したりいらいらしたりしてしまうからだ。

私が思うに、口頭発表がうまくいくかどうかの決め手は、どういう説明の言葉を用意するかではなく、説明のためにどういう図表を用意するかである。図表が主で言葉が従。なぜならば、耳から入る情報よりも目で見る情報の方が理解しやすいからだ。そのせいか、たいていの聴き手は、言葉に聴き入るのではなく図表に見入る（聴き手というより見手と言った方がいいかもしれない）。図表を見て自分で勝手に解釈しながら、発表者の言葉も聴いているという感じである。だから聴き手は、発表者に対して従順ではない。発表者が図表のある部分を指して「ここを見て下さい」と言っても、図表の他の部分を見ながら考えているかもしれない。そのため、最低限必要な情報は図表に描き込んでおいて、言葉による説明がなくても図表を見ただけであらかた理解できるようにしておくこと、かといっていろいろ描き込みすぎないこと、これがわかりやすい口頭発表のコツである。

というわけで私は、修士論文発表会で使うスライドの準備にまず始めに取り組んだ。論文で使った図表をそのままスライドにすればおしまいというわけではなく、発表のためだけに新たに作る図表もたくさんある。たとえば、細かい字や記号が並んだ図表をそのままスライドにしても、聴衆には見にくいだけである。こうした図表は、一番伝えたいことだけに情報を絞り、遠くからスライドを見ても内容がよくわかるものに作り替えなくてはならない。また、理解を助けるための模式図・説明図・概念図も要所要所で必要になるであろう。一度の説明だけで聴き手に理解してもらうためには、説明したい内容をわかりやすくまとめた絵を使うことが有効だからである。もちろん、研究の目的を簡潔に示したスライド・研究の結論を要領よくまとめたスライドも必要だ。こうしたスライドに共通して大切なことは、描き込む情報を最小限にすることである。情報過多は、口頭発表という一過性の説明では大敵なのだ。これは同時に、その研究で明らかにしたこと（論文に書いたこと）すべてを発表するのではなく、内容を絞り込んで口頭発表するということでもある。

スライドの数は、発表時間（分）に〇・八〜〇・九を掛けた枚数が適正だ。発表時間が二〇分だとだいたい一六〜一八枚。情報過多を避けるために、一枚のスライドでは一つのことしか言わないようにする。たとえば、図16（八七頁）で一枚のスライド、図17（九〇頁）で一枚のスライドという感じである。

どういうスライドにしたらいいのかという苦労、そして第三章第3節（七九頁）で述べたような作図の苦労の末、発表で使う図表が一通り完成した。それを写真屋さんに持っていってスライドにしてもらう。次に取りかかるべきなのが発表用の原稿の用意。しかし私は、とくに必要を感じなかったので原稿は作らずじまいであった。だからといって、発表会本番のその場で思いついた言葉をしゃべったわけではない。蛍光灯にかざしたスライドを見ながらぶつぶつと説明してみたり、誰もいないセミナー室でスライドを映して発表の練習をしたりして、説明の言葉を選んでいった。紙に書いて原稿を練るかわりに、頭の中で直接練り上げていったのである。

修士論文発表会の二週間ほど前に、植物園のセミナーの一環として発表練習会が開かれた。植物園研究室の全構成員を前に、本番さながらに時間を計っての練習である（ちなみに本番では、植物教室の全教官を前に発表することになる）。私は、映し出されたスライドを指しながら、自分の研究の説明をしていった。人前で、しかも時間を計っての練習は初めてなので、しどろもどろになっているのが自分でもわかった。「以上です」と何とか発表を終える。時間を計っていた邑田さんから、「発表時間二一分」の声。制限時間を一二分も超えてしまった。話し終えた後、一枚目のスライドから順番に映していって、そこをこう直した方がいいという助言をもらう。それは、スライドの図表を描き直した方が良いという指摘であったり、説明の仕方に関する指摘であったりする。発表時間の方は、同じ内容をしゃべったとしても、練習を繰り返せばある程度は縮まるものである。もっとも、一二分も超過したので、内容ももう少し絞らなくてはならない。練習終了後、スライドの作り直しにさっそく取りかかった。数日かけて作り直しが終了。作り直したスライドを見ながら説明の言葉を練り直す。そして準備が整ったので、改めて発表練習を聞いてもらった。こうした、発表練習とスライドの作り直しを何度か繰り返して、スライドと説明の原稿は完成した。原稿は紙には書いていない。頭の中だ。ただし、紙に書いた如く、説明の言葉が一字一字頭に刻まれていた。

修士論文発表会が近づくと、質疑応答でどういう質問が出るだろうかということが気になるようになる。発表練習のときには、「こういう風に質問されたらどう答える？」という話にもなる。出そうな質問を想定して答えを考えておくことも準備の内だ。予想しなかった質問が出て動転しそうになったら、トラップをして心を落ち着かせることが大切。私の場合は別な心配もあった。なにしろ、大学院の入学試験の面接の時に激しく言い合った教官たちが聴衆である（第一章第４節二五頁参照）。ミクロ生物学の知識がないことで、またしてももめないだろうか？　岩槻先生に相談すると、「君はミクロ生物学の勉強をすると約束したのだから」と言う。いつそんな約束をしたんだ？？　そんな覚えはない。でもしかたないから、ミクロ生物学の教科書でも読んでおくか。

一九八六年二月、文京区本郷の東京大学理学部植物教室で修士論文発表会が行われた。発表会の朝、植物園内を一人歩きながら、口の中でぶつぶつと最後の発表練習をした。本番はわりとうまくいったように記憶している。質問も、発表内容そのものに関するものだけで、ミクロ生物学をめぐる修羅場の再現とはならなかった。発表会終了後、植物教室の教官たちが会議を開き、それぞれの修士論文に関して問題はないかを検討する。多くの場合、この部分をこういう風に直しなさいという修正意見が付いて、修士論文発表会は合格となる。私の修士論文発表にどういう修正意見が付いたかは忘れてしまった。その修正意見に従って修士論文を書き直して再提出しなくてはならない。修士論文発表会の翌日には、博士課程進学希望者に対する面接試験があった。私も進学希望だったのでこの面接を受けたけれども、いたって平穏に終わった。

こうして私は、修士論文の審査に合格した。私は、博士課程に進学することになった。

4　修士論文と投稿論文

修士論文は「先生に出すレポート」ではない。これはすでに書いた。しかし、研究成果として世界に向けて発表された論文という位置づけでもない。修士論文・博士論文はあくまでも、大学に提出する学位申請論文である。修士論文・博士論文の内容を改めて論文にまとめ直して、科学論文を掲載する雑誌に掲載させることでようやく、世界に向けて発表された研究成果という認知を受けることになる。ちなみに、ただ単に「論文」と言えば、科学雑誌に掲載されるものをさす。論文を書こう。修士論文を書いただけでは、研究成果としてはまだ何も残していないに等しいのだ。実を言うと私は、早く論文が書きたくてしょうがなかった。修士論文審査終了の息抜きに山梨方面へ温泉旅行をしたあと、論文執筆に猛然ととりかかった。

私は、修士論文を日本語で書いた。なかには英語で書く人もいたけれども、日本語で書く人の方が圧倒的に多かったからだ。しかし論文は英語で書かざるをえない。英語で書かないと、日本人以外はほとんど読んでくれないからだ。では、日本語で書かれた修士論文を英語に翻訳すれば論文はでき上がりか？　当時の私はある程度そんな風に考えていたかもしれない。しかしそれはとんでもない見当違いで、まったく別の論文を新たに書くに等しい苦労を味わうことになった。その理由は三つある。第一に、修士論文と論文では書き方が違うということがある。修士論文の場合、修士課程での研究成果として、調べたことをたくさん盛り込みやすい傾向がある。ある程度の冗長さが許されるのが修士論文だ。それに対して論文では、本当に必要な情報だけを載せることを求められる。科学雑誌の紙数は限られているし、読者もそんなに暇ではない。冗長な論文で紙数を浪費したり、溢れ返った情報の中から必要な情報を探し出すという時間の無駄は許されないのだ。だから論文を書くにあたっては、修士論文の内容を改めて検討して、論文に載せる情報を絞り込む必要がある。第二に、修士論文と論文とでは、科学論文として求められる完成度がどうしても違ってしまうのだ。正直なところ、修士論文なら見逃すけれども、論文では通用しないという部分があることは否定できない。言い方を変えるならば、修士論文として通用したからといって、論文として通用するとは限らないということだ。修士論文を練り直し、研究内容の完成度を高めなくてはならない。第三に、日本語の修士論文を英語の論文にするという問題がある。日本語を英語に訳すとは思わない方がよい。始めから英語で文章を書くのだ。

5　論文が科学雑誌に掲載されるまでの道筋

ここで簡単に、論文が科学雑誌に掲載されるまでの道筋を説明しておこう（詳しくは、拙著『これから論文を書く若者のために[3]』を参照して欲しい）。科学雑誌には大きく分けて二種類ある。その雑誌に掲載して欲しいと投稿してきた論文を審査して、審査に合格した論文だけを掲載する雑誌と、投稿すれば必ず掲載してくれる雑誌だ。普通の雑誌は前者で、大学の紀要とかごく一部の雑誌が後者である。ただし現在では、後者の雑誌はなくなりつつある。無審査の雑誌に掲載された論文は業績として評価されなくなっているからだ。私の目標ももちろん、審査制度のある雑誌に論文を掲載することであった。

論文が審査を合格する率は雑誌によってずいぶんと違う。*Nature* や *Science* といった超々一流誌では、投稿された論文の内一〇パーセント程度しか掲載されない。*Ecology* や *American Naturalist* といった生態学関係の超一流誌だと二〇〜四〇パーセントといったところか。審査が厳しくない雑誌では七〇〜八〇パーセントくらいの掲載率になると思う。ただし、投稿してくる論文の質は一流誌ほど高いので、審査の厳しさにはこの数字以上の開きがある。審査に不合格だった論文は、掲載不可という通知とともに送り返されてくる。研究の世界で、この通知ほど悲しく腹立たしいものはない。自分を励まして別の雑誌に投稿し、またしても掲載不可だったらさらに別の雑誌に投稿するということを繰り返して、どこかの雑誌に掲載されるまで執念を燃やすのが正しい生き方である。しかし中には、掲載を諦め論文がお蔵入りしてしまうこともある。その論文を書くために行ってきた様々な努力――研究計画の立案・調査実験の実行・論文執筆――がすべて無駄となってしまうわけだ。

科学雑誌にはそれぞれ、その雑誌が扱う専門分野というものがある。たとえば、*Ecology* や *Functional Ecology* や *Oecologia* といった雑誌は生態学の専門誌、*Evolution* や *Journal of evolutionary Biology* などは進化学の専門誌である。投稿先は、自分の論文の内容にふさわしい雑誌にしなくてはいけない。また、自分の論文の質の高さと、その雑誌における論文審査の厳しさの兼ね合いも考慮した方がいいだろう。超々一流誌・超一流誌という表現を用いたことからもおわかりのように、科学雑誌には格付けというものがある。世界中の研究者に重要視され、その雑誌に掲載された論文というだけで一定の信頼と評価を得る雑誌から、ほとんど誰にも省みられない雑誌まで、まさにピンからキリまである。どうせなら格の高い雑誌に載せたいという思いは健全な野望。しかし格の高い雑誌ほど論文審査は厳しい。

それぞれの科学雑誌には、編集長を頭とする編集委員会がある。ほとんどの場合、編集長をはじめ編集委員会の構成員自身も研究者である。だから、その雑誌の編集を本務とするわけではなく、自分の研究のかたわら、なかばボランティア的に編集に携わっている。編集長は、投稿されてきた論文の審査責任者を編集委員の中から選ぶ（編集長自身が審査責任者となることもある）。審査責任者は、その論文の内容に近い研究を行っている研究者に論文の審査を依頼する（多くの雑誌で二名に依頼。依頼される人は、編集委員会の構成員である必要はない)。論文審査を依頼された研究者は、論文を読んで採否判定を答申する。その際、論文のどこが良いどこが悪い、ここをこう直せといったコメントもつける。審査責任者はその採否判定を元に、その論文を掲載すべきか却下すべきかを編集長に報告する。ただし、最終的な判断を下すのは編集長である。

6　論文執筆開始

私は修士論文を二つの論文に分けて投稿することにした。カエデの稚樹の分枝伸長様式の特徴をまとめた論文(第三章第1-9節の内容七一～一〇九頁)と、それぞれの稚樹が世代更新する場所に関する論文(同第10節の内容一〇九～一一九頁)の二つである。そこでまず始めに、分枝伸長様式の論文にとりかかることにした。ただし、論文を二つ書くという構想はずいぶん後になって大きく狂うことになる。

植物園の地階の図書室には、とてつもなく低性能の英文用ワープロがあった。私は、それを占拠して論文を書いた。このワープロ、今から思うと信じられない代物である。たとえば、文章の自動ページ送りという機能がなく、一ページ一ページが一つ一つ独立のファイルになっているようなものであった。一一ページ目に文章を書いているとすると、文章が五〇行になっても一〇〇行になっても一二ページ目にならない。ほっておくと、一一ページ目が一〇〇行あるけれども一二ページ目は〇行のままである。一一ページ目を三〇行にしたければ、異なるファイルに文章をコピーするかのように、七〇行分を一二ページ目以降に自分で移動させなければならなかった。

英語の論文を書く前には、果たして自分に英語の文章を書くことなどができるのであろうかという不安もあった。何しろ、昔から英語は苦手だったし、中学・高校で教わった文法もずいぶんと忘れてしまっている。しかし、いざやってみると、英作文に関しては何とかなるものである。忘れてしまったことも、作文を重ねる内に必要な部分は思い出すし、中学・高校でやったような英語の授業のかなりの部分は、科学論文執筆という実践英語には不要であった。学校では習わなかったけれども、実践英語として必要なことは、他の論文の英語を参考にしたり辞書や文法書で調べたりして、自分自身で身につけていくしかない。でも、必要に迫られればちゃんとできるものである。とはいっても、ずいぶんと失敗もした。たとえば、林床の稚樹(sapling)を調査対象としたことを説明するために

saplings under the forest floor

と書いて投稿した。すると論文査読者（おそらく、英語を母語とする人）のコメントには、

「これは、土の中に埋まっていることを意味する。」

さぞや、迷惑な英語であったであろう。

しかし、本当に大変だったのは、低性能のワープロを操作することでも、苦手な英作文をすることでもなかった。私が一番苦しんだのは論理的な論文を書くということである。思い起こすと、論文はどのように書くべきなのか、緒言（イントロダクション）では何を書くべきなのかといった教育を私は受けたことがなかった。論文執筆に関する教育の下地もなければ自分自身で培った経験もない。そんな私がいきなり自分の論文を書き始めたわけだから、苦しむのも当然であった。いや、当時の実感としては、苦しまされたと言った方がいいであろう。論文執筆の面倒を見て下さった矢原さんには、何度も何度も書き直しを命ぜられた。その厳しさは、修士論文執筆のときの比ではなかったように思う。私が書いていた文章を今の私が読み返せば、きっと呆れ果てるものであったことは間違いない。しかし当時の私には、自分の文章がどうしていけないのかわからなかった。いったい、これでどうして駄目なのか？　どう直せばお気に召すのか？　この第一作を含め、初期の頃の論文執筆で思い出すのは矢原さんとの格闘である。後の私にとって、貴重な糧となる格闘であった。

7　緒言では何を書くべきか

論文は普通、緒言・材料と方法・結果・考察という章構成で書かれる。それぞれで書くことは、緒言の章で論文の狙いを書き、材料と方法の章で調査実験の材料と方法の説明、結果の章で調査実験の結果の記述、考察の章で、結果から得られる科学的意義の考察である。これら四つの章は、書くことの難しさという点でずいぶんと違う。よく言われるのが、材料と方法の章を書くのは簡単、結果の章や考察の章を書くのもそれほど難しくはない、たいへんなのが緒言の章を書くことということだ。私の場合も、緒言の章を何度も何度も書き直しをさせられた。研究室に他大学の研究者が来ると、私が書いた緒言を矢原さんがその人に見せて意見を仰ぐ。二人の議論を横で聞きながら、何がいけないんだろうとぽつねんとする私であった。あれから私もいろいろと経験を重ね、何がいけないのかがわかるようになった。そして、論文の書き方をまとめた本、『これから論文を書く若者のために』を著した。緒言で何を書くべきかに関して、この本で強調した点を簡単に紹介したい。

こんな話から始めてみよう。精神的苦痛を人に与える効果的な方法をご存じであろうか。効果てきめんなのは、目的がわからない作業をやらせることである。たとえば、「ここに穴を掘れ」と命じるとする。命じられた人は、張り切って穴を掘るであろうか？　たいていの場合、穴を掘ろうとしないか、「どうして穴なんか掘らなくちゃいけないんだ」と不平を漏らしながらいやいや穴を掘るかであろう。そこでこう説明する。

「徳川幕府の埋蔵金が埋まっている。」

すると途端に、一所懸命に穴を掘り出すに違いない（埋蔵金の話は説得力があり、そこに確かに埋まっていると誰もが信じることにしておく)。つまり、どうしてやる必要があるのかわからない作業をやることは、人にとって大きな苦痛なのだ。人に何かをしてもらいたかったら、どうしてやる必要があるのかを説明することが肝要である。これは、論文を読むという作業を読者にしてもらう場合にもあてはまる。読者は冷たい存在である。たいていの読者は、つまらない論文・価値のない論文をわざわざ読んで下さるなどという犠牲的精神は発揮してくれない。だから、緒言を読んでも目的がわからない論文、どうしてそのことを調べる必要があるのかわからない論文は、とっとと見捨てられてしまう。読むという作業をしてもらうために、その論文において、

一、何をやるのか(例:穴を掘る)

二、どうしてやるのか(例:徳川幕府の埋蔵金が埋まっている)

を明確にすることが緒言の使命である。「一、何をやるのか」は誰だって書く。しかし、「二、どうしてやるのか」が不十分な論文はずいぶんと多い。たとえば、こんな架空の緒言の例で見てみよう。

ヤマユリにおける、種子の大きさと花びらの大きさの関係

ヤマユリは、日本の山地帯に広く分布する多年草である。初夏に、直径八~一五センチメートルほどの白い花を一~数個つけ、秋に、長さ五~一〇センチメートルほどの果実を実らせる。一つの果実には、数十から数百個の種子が入っている。種子の大きさは個体間で異なり、大きなもの

で重さ一〇ミリグラムくらい、小さなもので一ミリグラムくらいである。本研究では、ヤマユリにおける、1種子の大きさと花びらの大きさの関係について報告する。

この例では、ヤマユリの説明の後、唐突に「一、何をやるのか」（傍線1）が書かれている。しかし、「二、どうしてやるのか」は一言も説明されていない。これでは、「種子の大きさと花びらの大きさの関係について報告する」必要がどうしてあるのかさっぱりわからない。では、こうしてみようか。

ヤマユリは、日本の山地帯に広く分布する多年草である。初夏に、直径八～一五センチメートルほどの白い花を一～数個つけ、秋に、長さ五～一〇センチメートルほどの果実を実らせる。一つの果実には、数十から数百個の種子が入っている。種子には、その種子が発芽して幼植物へと発達するための養分が蓄えられている。そして、種子が大きい（貯蔵養分が多い）ほど、死亡せずに幼植物に発達できる確率は高い。また一般に種子の大きさは、個体間で大きく変異することが知られている。たとえばヤマユリでは、大きな種子で重さ一〇ミリグラムくらい、小さな種子で一ミリグラムくらいである。2しかし、種子の大きさと花びらの大きさの関係はわかっていない。本研究では、ヤマユリにおける、1種子の大きさと花びらの大きさの関係について報告する。

今度は、「二、どうしてやるのか」（傍線2）が書かれている。しかしみなさん、これで納得するであろうか？　著者の論理は、「種子の大きさと花びらの大きさの関係はわかっていない」からそれを調べる、これだけである。もちろん、ヤマユリにおいてこのことはわかっていないのであろう。しかし考えて欲しい。研究なのだから、わかっていないこと（やられていないこと）を調べるのは当たり前である。だから、わかっていないから調べるという研究動機は、読者にとっては言わずもがなのことでしかない。世の中にはわかっていないことが無数にある。その中から、何か一つをあえて選んでその論文で調べるのだ。それを知ることにどういう価値があるのか、どうして研究としての価値があるのかを示さないと読者は納得してくれやしない。

この二つ目の例は、悪い緒言の典型である。その論理は、

(1)Aを明らかにすることを目的とする

(2)なぜならば、Aが明らかになっていないからだ

というものである。「ここに穴を掘ろう。なぜならここに穴がないからだ」と言われて納得する人はいまい。どうしてAを明らかにする必要があるのか、これを読者に納得させることが緒言の使命なのだ。

種子には、その種子が発芽して幼植物へと発達するための養分が蓄えられている。そして、種子が大きい（貯蔵養分が多い）ほど、死亡せずに幼植物に発達できる確率は高い。しかし、親個体が種子生産に投資できる資源には限りがあるため、個々の種子を大きくすると生産できる種子数は少なくなってしまう。Smith and Fretwell（1974）は、「個々の種子が幼植物に発達できる確率×生産

種子数」が最大となるのが最適な種子の大きさであり、最適な種子の大きさは、親個体の大きさに関わらず一定であると予測した。この予測が正しければ、ある植物種では、大きな親個体も小さな親個体も同じ大きさの種子を着けているはずである。しかし現実には、種子の大きさは、個体間で大きく変異することが知られている。なぜ、種子の大きさは個体間で変異するのであろうか？

虫媒花の場合、花びらが大きいほど訪花昆虫をたくさん呼び寄せることができる。胚珠が受粉しないと種子はできないのだから、花びらの大きさは、その花が作る種子の数・大きさに影響するかもしれない。本研究では、花びらの大きさの違いが、種子の大きさの個体間変異を生むという仮説を提唱する。そしてヤマユリを用いて、種子の大きさと花びらの大きさの関係を調べ、この仮説の予測と一致するかどうかを見る。

これならば私は納得する。その論文の続きを読むという作業をする気になるかどうかが、「で、どうしてやるのか」の説得力にかかっていることがおわかりいただけたであろうか（詳しくは、拙著『これから論文を書く若者のために』を参照して欲しい）。

8　論文投稿

私の第一作の論文の緒言を読み返すと、正直なところ、「一、どうしてやるのか」に合格点を与える気にはなれない。あんなに苦労してこんな緒言しか書けなかったのかと思うと情けないのだが。それはそれとして、私は、来る日も来る日も一日中ワープロの前に座って、論文を執筆し続けた。そしてようやく原稿が完成した。さあいよいよ投稿だ。

私には、外国の雑誌に投稿したいという思いがあった。一方で、そんなことを言うと笑われるかなというためらいもあった。しかし、矢原さんの方から、「*Ecology* に投稿したら」と言ってきた。*Ecology* は、アメリカの生態学会が発行する生態学の超一流誌である。私は、「それならば *Canadian Journal of Botany* に投稿したい」と答えた。*Ecology* より格下であるが、菊沢さんの論文をはじめシュート伸長に関する研究がたくさん載っていて、この分野のメッカの雑誌のように思っていたのだ。投稿先は *Canadian Journal of Botany* に決まった。

それぞれの雑誌には投稿規定というものがあり、投稿原稿の整え方（文献の引用の仕方や学名の記載方法など、いろいろな書式に関する決まりごと）・原稿の送付先・送付部数などがまとめられている。私は、*Canadian Journal of Botany* の投稿規定を読んで原稿の体裁を合わせた。これで原稿の用意は完了である。

当時の私は、外国に手紙を出したことなどほとんどなかった。封筒を出してみたはいいけれど、どこに受取人の名前を書いてどこに自分の名前を書くのかもわからない。しかたがないので、アルバイトの板井さんをつかまえて教わることにする。板井さんは、「世話のかかる子だ」と言いながらいろいろ教えて下さった。時刻は午後七時過ぎ。植物園三階の会議室で飲み会が行われていたので、そちらの方に気が取られていたのかも知れない。

「どうして今日出さなくちゃいけないの？」

「一日早く出せば、一日早く着くでしょ。」

あっぱれな心がけである。ちなみに、あれから年月を重ね、論文の審査を私もやるようになった。審査をするときの心の内は、

「一日遅く出しても一日しか遅くならない。」

封筒の宛名書きをして切手も張り封を閉じる。そして植物園を出て一番近くの郵便ポストへ。郵便ポストの前でぱんぱんと手を打って祈り、封筒を郵便ポストに差し込んだ。植物園に戻って、遅ればせながら飲み会に参加。ビールが気持ちよかった。

しばらくして、*Canadian Journal of Botany* の編集事務から、原稿を受け取ったという手紙が届いた。日本語に訳すとこんな感じである。

一九八六年四月二九日

酒井博士

あなたの原稿を受け取りました。原稿は、担当編集委員のN・G・デングラー博士の元へ送られました。原稿に関する問い合わせのときには、原稿番号 Bot. 86–195 を付記して下さい。

当誌へ投稿して下さりありがとうございます。

私はまだ博士ではないのに。でも、手紙はかっこよかった。私は、手紙にいつまでも見入っていた。

9　論文が返ってこない

研究では、常に新しいものを創造していかなくてはならない。だから、研究を続けていくと、新しい発想の枯渇という状態に陥ることがある。その点、私にとって初めての本格的な研究である修士論文では、自分の発想をすべて使うことができるという強みがあった（以前の研究で使ってしまったものが存在しない）。しかし私はなんと、修士論文を終えた段階で枯れてしまった。次に何をやったらいいのか、新しい発想が閃かなかったのである。枯渇状態は、博士課程に進学して一年くらいは続いたと思う。博士課程一年での思い出は、何も新しい研究を始めなかった、でも論文を書いたというものである。かくして私は、投稿した論文が審査を終えて返ってくるのを待つ間、何かしているようなしていないようなふわふわとした感じで過ごした。さらに悪いことには、私が想像していた日時を過ぎても論文が返ってこなかった。「投稿した論文が三ヶ月経っても返ってこないんです」と何人かに相談したところ、「三ヶ月なんてまだまだ。半年以上かかることもある」と言う人もあれば、「それは確かにおかしい。催促の手紙を書いてみたら？」と言う人もあった。私は、論文がいつ返ってくるのかいつ返ってくるのかということに気をとられ、他のことが何も手に着かなくなってしまった。小石川本園の研究室にやってきても研究はせずに、植物標本を貼るための立派な紙を切り抜いて紙飛行機を作っては飛ばしていた。冗談抜きで、何日もの間、一日中そんなことをやっていた。

「これ、酒井君が待ち望んでいた郵便じゃないの？」

邑田さんが郵便をかざしながら持ってきて下さったのは、そんな日々が何日続いたあとだったろうか。九月二四日。原稿受け取りの手紙が来てからほぼ五ヶ月後のことである。

一九八六年九月一五日

酒井博士

論文の審査が終了しました。原稿を受理するには大幅な改訂が必要です。論文審査者のコメントを同封しますので、それに従って原稿を改訂して送り返して下さい。また、原稿をどのように改訂したのかを説明する手紙もつけて下さい。なお、この手紙の日付から五週間以内に返送しないと、新規投稿扱いになりますのでご注意下さい。

封筒には、論文審査者のコメントと、論文審査者の書き込みが加えられた私の投稿原稿が同封されていた。論文審査者のコメント用紙の上の方には、

このままで受理可
小改訂後に受理可
大改訂後に受理可
却下

という答申項目があり、論文審査者は二人とも大改訂後に受理可を答申していた。それに続いて、論文に対するコメントが書かれている。審査者Aはタイプ用紙二枚の長さのコメント。それに対して、

審査者Bのコメントはなんとタイプ用紙七枚である。投稿した原稿の本文の長さがタイプ用紙に一六枚だったのだから、いかに長大なコメントかということがわかるであろう。当時の私は、「ずいぶんいっぱい直さなくちゃいけないなあ」ぐらいにしか思わなかったけれども、そんな気持ちではバチがあたる。コメントの長さは一～三枚くらいが普通で、七枚ものコメントというのはめったに見る物ではない。他人の論文を改善するためにこんなにも労力を費やして下さるのだから、いくら感謝しても感謝しすぎることはない。裏を返せば、改善点を指摘していくと七枚にもなってしまうほどに、私の原稿がひどかったということでもあるが。

論文審査者は二人とも、研究内容そのものに関しては良い評価をして下さっていた。問題は、文章表現のまずさと引用文献の少なさであった。

文章表現のまずさには、二人ともほとほと困り果てたようである。言葉の定義がいい加減であったり、説明が不十分であったり、英語がはちゃめちゃであったり。審査者Bは、七枚に渡るコメントの中で、何ページの何行目がわからないと事細かに指摘して下さっていた。実を言うと私は、今から思うととんでもない失敗をしていた。英語を母語とする人による英語の校閲を受けずに論文を投稿してしまったのだ。どんなに頑張っても、日本人の英語は日本人の英語である。英語が悪いという理由で論文を却下されてしまうこともあるのだから、原稿ができ上がったら、英語の校閲を受けて英語を完成させることが絶対に必要だ。はちゃめちゃな英語を忍耐を持って解読して下さった論文審査者に多謝。

引用文献の少なさはすなわち、既存の研究の無視・軽視の現れである。研究というものは、既存の成果の上に成り立って進むものだ。だから論文では、その研究で新たに明らかにしたことを、今までの研究成果と関連づけて説明しなくてはならない。当然、今までの論文をたくさん引用しながら議論は進むことになる。しかし私の原稿には、引用文献が五つしかなかった。そのため論文審査者に、これらの論文を無視しているという「無視論文表」を頂戴してしまった。

10　論文改訂

私は、紙飛行機の日々から突然復活した。まずは論文審査者のコメントの理解である。どんな些細なことも見落としてはならない。必ずしもわかりやすく書かれていない文章から、論文審査者の真意を的確に読みとらなくてはならない。そのために私がやったのは、「英語習いたての中学生方式」である。ある程度英語に慣れてくると、知らない単語や意味の取りにくい文が少々出てきても、かまわずにすっ飛ばして読んでしまうものだ。しかし私は、ちょっとでも不安のある単語は全部辞書で引いた。そして、一文もおろそかにせずに意味を正確に把握していった。

コメントを完璧に理解したら、それに対応して原稿を改訂していく。ここをこういう文章に直しなさいとか、ここにこういう文章を加えなさいといった、そのとおりにすればよいコメントへの対応は簡単だ。しかし、こちらで考えなくてはいけないコメントへの対応には手が震えた。たとえば、

「緒言の章では長枝と短枝のことを述べているのに、結果の章では単軸分枝伸長型のことしか触れていない。仮軸分枝拡大型はどうなったのか?」

「あなたは、オオモミジ・ハウチワカエデといった個々の種に興味があるのか、それとも仮軸分枝拡大型といった型に興味があるのか? 後者と推測するが、それならば書き方を工夫した方がよい」

「競争的な性質と耐陰的な性質とはどういう比較なのか?」

こうしたコメントにどう対応すれば論文審査者のお気に召すのか。原稿を矢原さんとやりとりしたときと違って、直接質問して「解答」を探ることもできないし、とりあえず直してみてさらなるコメントをいただくこともできない。「論文審査者のコメントに従ってちゃんと直さないと受理されないよ」と脅されていたので、こういう対応でいいのかという不安はいつまでも残った。無視論文表への対応にも苦労した。「これを全部引用しなくてはいけないんですか?」と矢原さんに相談したら、「そうした方がいいな」とのこと。「論文審査者というのはずいぶんと権力を持った存在なのだな」と思いつつ、これらの論文への言及を原稿に加えていった。

ここまではよかった。しかしこれから、論文投稿経験のなさゆえに、とんでもない約束破りを私は

してしまうことになる。たとえば、あるAという製品の規格審査を受け、この部分を改善すれば合格という審査結果が返ってきとする。もし、Bという別の製品にその改善を施して審査合格を願ってきたとしたら。当然、審査はやり直しであろう。最初に審査をしたのはAであってBではないのだから。

すでに述べたように私は、修士論文を二つの論文に分けて投稿することにしていた。今回投稿したのは、カエデの稚樹の分枝伸長様式の特徴をまとめた論文である。それぞれの稚樹が世代更新する場所に関する論文は、一つ目の論文が受理されてから書くつもりであった。ところが、月日とともに修士論文の熱気が冷めてくるに従って、稚樹が世代更新する場所に関するデータだけで論文になるのだろうかという疑問がもたげてきてしまった。世代更新のデータは、分枝伸長様式のデータと一緒に載せてこそ生きてくるのではないか？　そのことを岩槻先生に相談すると、「担当編集者に手紙を書いてみたらどうか？」とのこと。そう、確かに手紙を書くべきであった。しかし私には、ことの重大さに関する認識が欠けていた。そして、世代更新する場所のデータを改訂稿に勝手に付け加えてしまった。さすがに、改訂内容を説明する手紙には、新しいデータを付け加えたことを説明はしたが。のちに、このことを日光分園の加藤さんに話したら、

「信義にもとる」

の一言であった。論文審査者のコメントに従って原稿を改訂すれば、それは確かに最初の原稿とは違った原稿になるであろう。しかし私のやったことは、部分的にせよ論文審査を受けていない原稿に作り

替えることであった。両者では状況が全然異なる。
　こうした苦い反省を後に残すことになりながらも、原稿の改訂を私は終えた。でもそれで完了ではない。改訂内容を説明する手紙を書くという大仕事がある。この手紙では、論文審査者のコメント一つ一つに対してどのように対応したのかを説明する。コメントに従った場合にはどのように修正したのかを、従わなかった場合はなぜ従わなかったのかを担当編集者に説明するわけだ。担当編集者は、この手紙と修正原稿を読んで、これで合格と受理したり、論文審査者にもう一度原稿を送ったりという判断をする。だからこの手紙は、原稿を改訂するのと同じ慎重さを持って書かなくてはいけない。手紙が仕上がったのは、一一月も半ばを過ぎてから。五週間以内に返送という指定はとうに過ぎてしまっていたけれども、あの長大なコメントに五週間以内に対応することは、当時の私には所詮無理であった。

一九八六年一一月二二日

デングラー博士

私の投稿論文に関する九月一五日付けの手紙をありがとうございます。コメントに従って大幅に改訂した原稿をお送りいたします。

この書き出しで始まる手紙は、タイプ用紙に七枚の長さ。コメントがたくさんだったので、それに対する応答の手紙もずいぶんと長くなった。手紙の最後には、五週間以内に返送という指定を守れなかったことに対するお詫びも書いておいた。

11 論文が通った！

これでしばらく、論文との格闘から私は解放された。今度は向こうが苦しむ（？）番である。果たして、どこをどう直せと言ってくるのか。矢原さんと原稿のやりとりを繰り返したように、まだまだ闘いは続くであろう。でも今は向こうの番だ。そんなお気楽な冬の日、研究室宛の郵便受けの中をちらと見やると、*Canadian Journal of Botany* という文字が目に留まった。手紙は私宛である。市販されている航空郵便の封筒と同じ大きさなので、中に原稿が入っているはずもない。何だろう？　封を切ってみると、

一九八六年一二月八日

酒井博士

改訂された原稿を受け取りました。コメントに従って改訂して下さりありがとうございます。改訂原稿はとても明快になっており、*Canadian Journal of Botany* の読者の興味を十分に惹くものと思います。編集長のスティーブ博士に、論文の受理を喜んで答申いたします。

N・G・デングラー

なんと、論文受理の知らせである。論文が通ってしまった！　罰当たりかもしれないが、「えっ、あれでいいの？」という思いがまず起こった。そしてその次に喜びが来た。いきなり論文が受理されるとは思ってもいなかったので、心の準備ができていなかったのだ。ちなみに、あれから十数年経った今も、せっかくの初論文受理の喜びを噛みしめ損ねた残念さが心にある。どうせなら、論文受理の知らせはいつ来るのかと待ちわびながら *Canadian Journal of Botany* の封筒を見つけ、期待にどきどきしながら封を切りたかった。そして待ちこがれた文字を見つけて、「やった――、通った――」と飛び上がりたかった。

それからしばらくして、編集長のスティーブ博士から論文受理の正式な通知が来た。

私の初めての論文は、*Canadian Journal of Botany* 誌の一九八七年八月号に掲載された。この雑誌は、カナダから船便で送られてきていたので、植物園に届くのには時間がかかった。そこで、たまたまアメリカにいた村上さんに連絡して、アメリカの図書館で私の論文をコピーしてもらい航空便で送ってもらった。綺麗に印刷された自分の論文は、何度見ても飽きることがなかった。やがて、*Canadian Journal of Botany* 八月号が植物園に届いた。興奮を抑えながらビニールの包みを破り、自分の論文を探した。一五七八–一五八五ページに、コピーで見たとおりの論文があった。雑誌の表紙に"Congratulation Dr. Sakai"と書いた紙を貼ってもらい、植物園地下の図書室の棚に飾った。私はまだ博士ではないのに。

12 論文を終えて

修士論文終了後の枯渇状態からそれなりに回復した私は、カエデの分枝伸長様式に関する研究を大学院博士課程でも続けた。しかし本書では、それに関する話をするのはやめようと思う。自分で言うのも何だが、大した研究をしなかったからだ。一つだけ、論文を書いたおかげで研究に対する姿勢が変わったことを述べておきたい。論文を書く前、修士論文のためのデータを取っていた頃は、頭の中に論文のことは何もなかった。疑問点を見つけ、こういうことではないかと着眼し、それを確かめるためのデータを取る。頭の中にあったのはそこまでで、それをどういう風に論文にまとめるかということはちっとも考えていなかった。それががらりと変わったのが、最初の論文を書いてからである。こういうことを調べようと思い描いているときにも、林の中で実際にデータを取っているときにも、どういう論文にまとめるべきかということを常に考えるようになった。論文の構成はこうしよう、このデータはこういう風にまとめて図1にして、あのデータはこうまとめて図2にする。そうすると全部で図は五枚になるのか……。今までは、データが全部揃ってからようやく考え出したことを、データを取り出す前、そしてデータを取りながら考えるようになったわけである。自分の研究成果が他者に受けいられるかどうかは、いかにして説得力のある論文を書くかにかかっている。そのためには、説得力のあるデータを示して論理的な議論を展開することが必要である。ならば当然、データを取る前からそのことを意識した方がよい。論文執筆の経験が私にもたらしたのは、データがあって、それを何らかの論文にまとめるのではなく、論文があって、それを良いものにするために必要なデータを取るという思考転換であった。

　私の初めての論文はその後、関連する論文にぽつぽつと引用されるようになった。分枝伸長様式をかなり詳しく調べ、それが世代更新戦略の分化と対応していることを示したことが、それなりに評価されたのであろう。単なる枝葉の伸び方にも、これだけの生態学的な意味がある。このことを示したことが、この論文が生態学に貢献した点であったと自分では思っている。

第五章◎数理モデルへの道

1　博士課程修了

物語は一九八九年に飛ぶ。私は、その年の二月に、博士論文「カエデ属における分枝伸長様式の適応進化」（本文は英語）を提出して理学博士号を取得した。理想を言えば、博士号取得とともにどこかの大学の助手に就職したかったのだけれど、私を採用してくれる大学はなかった。自己弁護のために付け加えておくと、大学の助手に採用されるのは大変である。ある大学で助手の欠員が生じると、

○○大学理学部生物学教室では左記の要項で助手一名を公募いたします。関係各方面へのご周知

のほどよろしくお願い申し上げます。

1 専攻分野　植物生態学

2 採用予定日　一九八×年×月×日

3 応募資格　博士号を有する人。または、着任日までに取得見込みの人

4 提出書類

・履歴書

・研究業績リスト

・主要論文の別刷りまたはコピー五編

・これまでの研究概要（二〇〇〇字程度）

・着任後の研究計画（二〇〇〇字程度）

・推薦状または、応募者について問い合わせができる方二名の氏名

といった感じの公募書類が日本中の大学に送られる。これを見た就職適齢期の大学院生は書類を用意して応募する。一人の公募に対して応募者数が一〇人・二〇人というのはごく当たり前で、五〇人を越えることだってある。しかし採用は一人だけで、多めに二人とか三人採用するなどということは絶対にない。自分の専門分野に合う助手の公募は日本中あわせても年に数回しかないのだから、そう簡単には助手になれないことがおわかりであろう。かくして私は、博士号取得後の二年半を、オーバー

ドクター（博士号を持ちながら研究職につくことができない可哀想な人のこと）として過ごすことになる。ついでに言っておくと、オーバードクターを経ずにいきなり助手になる人は少数派で、多数派は、オーバードクターを経て助手になる人である。むろん、オーバードクターというのは職のない博士の通り名であり、正式な身分ではない。引き続き大学に在籍して研究を続けていくためには、大学における正式な身分を確保しなくてはならない。一九八九年四月、東大植物園に在籍しながら、日本学術振興会の特別研究員（博士号取得者対象）に私はなった。この制度は、優秀な学生の研究生活を支援するためにあるもので、二年とか三年とかの間、研究に専念できる額の給与と研究費が与えられる。私は、一九八八年一〇月に大学院生対象の特別研究員になっていた（身分としては大学院に在籍のまま）。博士号を取得して大学院を修了するとともに、博士号取得者対象の特別研究員になったわけである。

　博士号取得後に、新しいテーマで研究を行うことができるかどうかは、その人の研究者としての人生を決めてしまうほど大切なことである。大学院の修士課程・博士課程にいるうちは学生であり、研究をしなさいと心配してくれる教官がいた。研究目的の設定・研究計画の立案と実行・研究結果の解釈に際して、いろいろ助言して下さる存在。ときには誉め、ときには叱り、ときには慰め、修士号・博士号を取得するように誘導してくれる存在。しかし博士号を取得してしまったら、一人前の研究者のはしくれと見てくれるかわりに、学生時代のように世話を焼いてはくれなくなる。研究に対する批判や助言はしてくれるけれども、それは、「指導者対学生」という立場関係のものから、「研究者対研究者」という立場関係のものに変容している。その研究は、あくまでも本人の責任で行っているものと見なされるわけだ。むろん、研究テーマに困っている人間に、面白そうなテーマを与えてやるなどということはしてくれない。まして、やる気のない人間・自分から積極的に研究をしていこうとしない人間を「矯正」しようなどという親切心はない。博士号を取得してしまったら、すべてが本人の自主性の世界・責任の世界となるのだ。これに加えて、博士号取得後に、研究における着想の枯渇状態に陥る人も多い（私が、修士号取得後に陥ったように）。今まで自分が行ってきた研究の集大成として博士号を取得してしまうと、つまり、自分がためていたものをみんな吐き出してしまうと、次に浮かんでくるもの（新しい研究テーマ）がなくなってしまうのだ。そしてそのまま本当に枯れてしまう人も少なくない。中には、大学の助手などの研究職に運良く就職できたのに、研究者としては終わってしまっている人もいる。だから、博士号取得後に、新しい研究テーマで論文を書くことができるかどうかが、その人が研究者として生きていくことができるかどうかの分かれ道である。それがちゃんとできる人は、一時的な枯渇状態に陥ることがあるにせよ、その後もずっと研究を続けていくことができる人である。

私は、博士号取得後には枯渇状態には特には陥らなかった。むしろ、新しい研究をしようと燃えていたように思う。

2　一般性の高い研究がしたい

カエデの研究をしていたとき、私にはある不満があった。自分の研究はカエデにだけ当てはまるものなのではないかという思いである。つまり、自分の研究の一般性に対する疑問だ。たとえば、多くの論文は、

これこれの未解明の問題がある
その問題解決のために○○科の植物を用いて研究を行う

という論理構成である。それに対して私のカエデの論文の論理構成は

カエデ科の樹木にはこういう性質がある
その性質に関してこれこれの研究を行う

という論理構成だ。今から思うと、第二、三章で紹介した内容は、他の樹木にも当てはまる一般性を備えた内容だと思う。しかし当時は、始めに材料ありきではなく、始めに問題ありきの研究に対する

渇望が高まるばかりであった。そして私がたどり着いたのは、草を使って集団の問題をやるということである。「集団の問題」といっても、その中身が具体化していたわけではない。木よりも草の方が、個体全体の種子生産量とかが調べやすいし、集団の問題もやりやすいだろうなくらいの気持ちであった（だからその「集団の問題」って何なんだ？）。結局、博士号取得後は、集団の問題ではなく草の形の問題に研究は向かっていくことになる。しかも、今までの研究手法とはがらっと変わってだ。

3 イチリンソウ属

「集団の問題」の中身は漠然としていても、木ではなくて草の研究をやるという気持ちははっきりしていた。さて、どの草を研究対象にしようか。私は、材料探しに日光分園を訪れた。何のことはない。やはり始めに材料ありきだ。

早春の温帯林は美しい。林冠の樹木はまだ冬芽を閉じており、林床には柔らかい光が差し込む。その光を受けて、カタクリ・ニリンソウ・キクザキイチゲ・アズマイチゲ・エンレイソウ・エンゴサクなどの花が彩りを添える。私は、カエデの紅葉の美しさに惹かれてカエデの研究を始めたときと同じように、綺麗な早春の花々に惹かれてしまった。中でも気に入ったのが、キンポウゲ科イチリンソウ属の三種、ニリンソウ・キクザキイチゲ・アズマイチゲである（写真２）。ニリンソウは二輪草と書く。地中を這う地下茎から高さ一五～三〇センチメートルほどの花茎が伸び上がり、直径二センチメートルほどの白い花を一～四個咲かせる。二輪咲かせることが多いので二輪草と呼ばれる。キクザキイチゲとアズマイチゲは、一本の花茎に一輪の花を咲かせる。花茎が地下茎から伸び上がる高さはニリンソウよりは低い感じである。花は、ニリンソウよりも大きく直径三センチメートルくらい。花の色は白が基本だけれども、キクザキイチゲでは、薄紫色の花を咲かせる個体が同じ集団の中に混ざっていることも多い。三種とも、地下茎を伸ばして栄養繁殖で増えるので、林床が一面に白い花に被われていることもある。しかし夏の林床には、これら三種の姿はない。林冠の樹木が葉を展開して林床が暗くなると、地上部は枯れ落ちてしまうのだ。地面の下には地下茎と根が残っており、これらは、翌年の春に活動を開始して、新しい茎や葉を地上に広げ花を咲かす。こうした、春にだけ姿を現す植物を、林床に注ぐ春の光に踊る妖精に喩え、春の妖精と呼ぶ。

イチリンソウ属の三種は、同じ林床に共存していることが多かった。ここにはニリンソウのかたまりが、あそこにはキクザキイチゲのかたまりが、その隣にはアズマイチゲのかたまりが見えるという感じである。共存しているということも、これら三種に私が惹かれた理由の一つである。何らかの生態的性質が分化していて、そのために同じ林床で共存しているのではないかと思ったわけだ。カエデの研究もそうであったように、近縁種間における生態的特性の分化に対する興味が続いていたようである。そして、もう一つ持ち続けていたのが形への興味であった。その植物の葉や茎や冬芽はどういう形をしているのか、どういう伸び方をしているのか。形は、手にとって見たり、定規で長さを測ってみたり、ピンセットで剥いてみたり、剃刀で切ってみたりすればけっこう調べることができる。つまり、目に見えるわかりやすさというものがある。それでいて、どんな大きさの葉を着けるのか、どれくらいの長さの茎を何本伸ばすのかといったことは、その個体の成長戦略そのものである。形には、調べやすい上に生態的に重要な意味を持つという良い特徴があると思う。かくして、「集団の問題」はどこへやら、私の目は、三種の形の違いにとらわれていった。

4　個体を掘り取る

そこでまず私がやったのは、三種を掘り起こして、地下茎の伸び方や葉の付き方を比べることであった。小さなシャベルを持って日光分園内を歩き、適当なところでしゃがみ込んで掘り起こす。カエデの枝先を切るのとは違い、草を掘り起こせば個体の死に直結する。しかし私は、さしたる意識もなく、けっこうたくさんの個体を掘り起こしてしまった。

掘ってみると、三種にはそれぞれ特徴があることがわかった。キクザキイチゲの地下茎は細い。そして、地表の直ぐ下を走っている。地下部で、地下茎同士がつながっていることはなかった。それに対して、ニリンソウの地下茎は太い。地表からけっこう深いところを走っていて、掘り出すのも大変だった。おまけに、地下茎同士が複雑につながっていた。アズマイチゲの地下茎は、キクザキイチゲに似ている感じであった。

私は、掘り出した個体を研究室に持ち帰って、水できれいに洗ってから、じっくりと観察することにした。カエデの枝とは勝手が違うので、地下茎の構造を飲み込むのに時間がかかった。何個体も犠牲にしてわかったのが、図27に示す地下茎の構造である。基本構造は三種とも同じなので、三種まとめて説明しよう。まず驚いたのが、花を咲かせている茎に着いている葉と、花を咲かせていない「茎」に着いている葉では、形態学的に異なるということだ（図28）。前者では確かに、花茎に三枚の葉が着いている。しかし後者では、「茎」というのは間違いで、地上に伸び上がっているのは葉柄である。そして、三つの裂片に分かれた葉身が葉柄の先端に広がっている。花茎と同様に三枚の葉が着いているように見えるけれども、実は一枚の葉というわけだ。次は地下部の構造。地下茎はその名のとおり茎である。一年の成長を終えた地下茎の頂端には、翌年に伸びる冬芽（頂芽）ができていて、その中には、翌年のために用意されている茎と胚葉が入っている。この胚葉が、葉柄を伸ばして地上に現れて、三裂片に分かれた葉身を先端に着けるわけである。地下茎が枝分かれすることもある。枝分かれの仕組みはカエデとまったく同じで、葉腋に冬芽ができて、それが新しい地下茎となって伸びていくというものである。それでは地下茎と花茎の関係は？　何年かに一度の間隔で、地下茎の頂端に花を包んだ冬芽（花芽）ができる。その冬芽は翌春に、地下を這うのではなく、地上に向かって伸びていく。そ

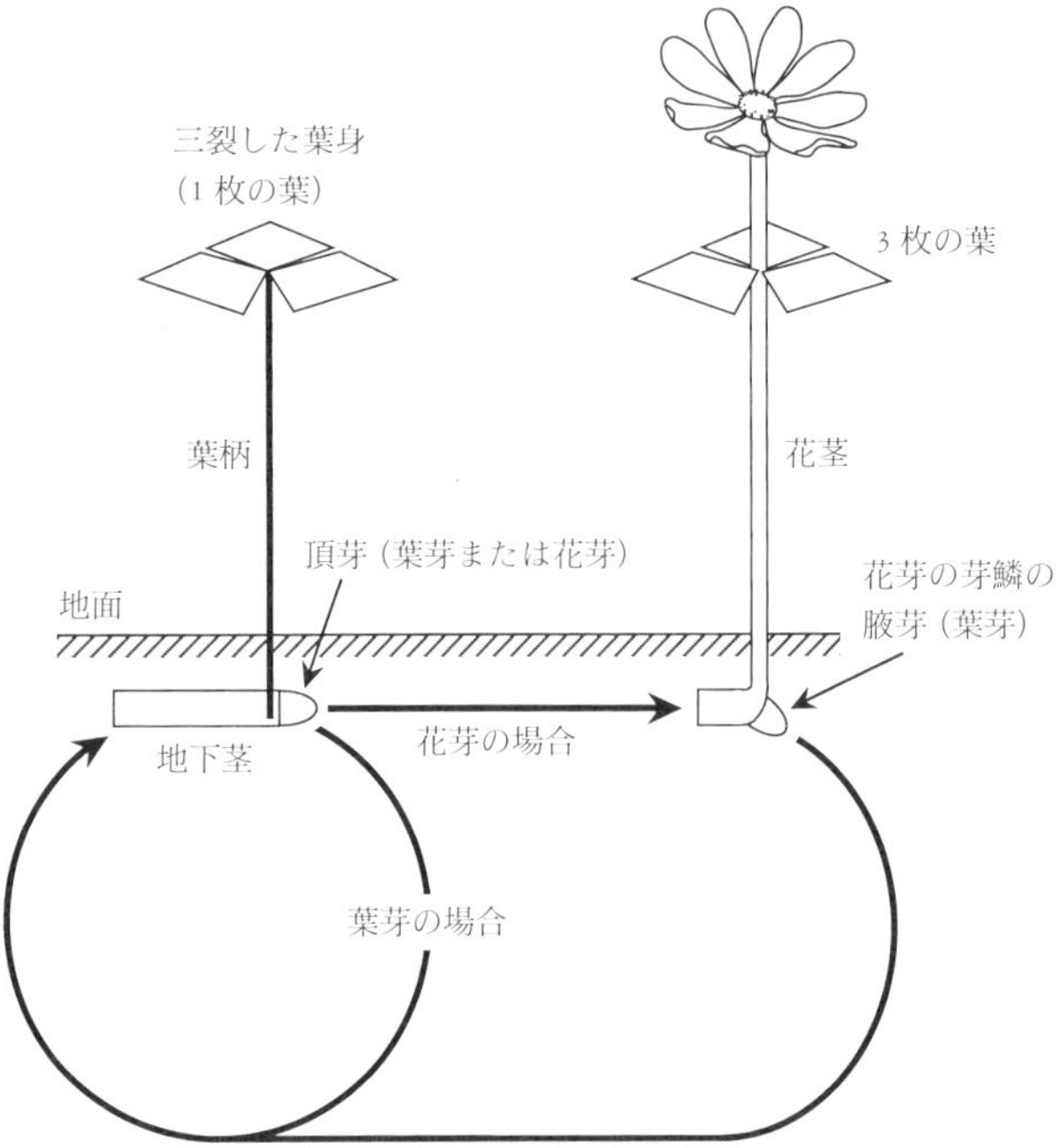

図 27　ニリンソウ・キクザキイチゲ・アズマイチゲの形の基本構造. 地下茎の頂端に着く頂芽は, 茎と胚葉だけを包み込んでいる場合 (葉芽と呼ぶ) と, 茎と胚葉と花を包み込んでいる場合 (花芽と呼ぶ) がある. 翌春に葉芽が開くと, 地下茎が伸びて葉柄が地上に現れ, 三つの裂片に分かれた葉身を掲げる. 花芽の場合には, 茎が地上に伸び上がって頂端に花を着ける. 花茎の中程には 3 枚の葉が着く. また, 花芽の芽鱗に腋芽ができる. これは葉芽であり新しい地下茎となる.

図28　キクザキイチゲにおける，花を咲かせている茎に着いている葉（右）と，花を咲かせていない「茎」に着いている葉（左）．形は似ているけれど，両者は形態学的に異なる．前者は，花茎に3枚の葉がついている．後者は，地下茎から葉柄伸び上がった1枚の葉である．

して地上に姿を現すと、三枚の葉を広げ頂端に花を咲かせる。つまり花茎は、地下茎が地上に伸び上がった茎である。花芽の芽鱗の葉腋には冬芽（腋芽）が発達し、その冬芽から伸びた茎が新しい地下茎となって地中を這う。花を咲かせた年には、地下茎の主軸が交替するわけである。

ここまでが、三種に共通する特徴である。今度は、三種間で異なるところを説明しよう（図29）。ニリンソウでは、掘り起こした一つながりの地下茎に何年か分の芽鱗痕が着いていた。芽鱗痕の間隔は短

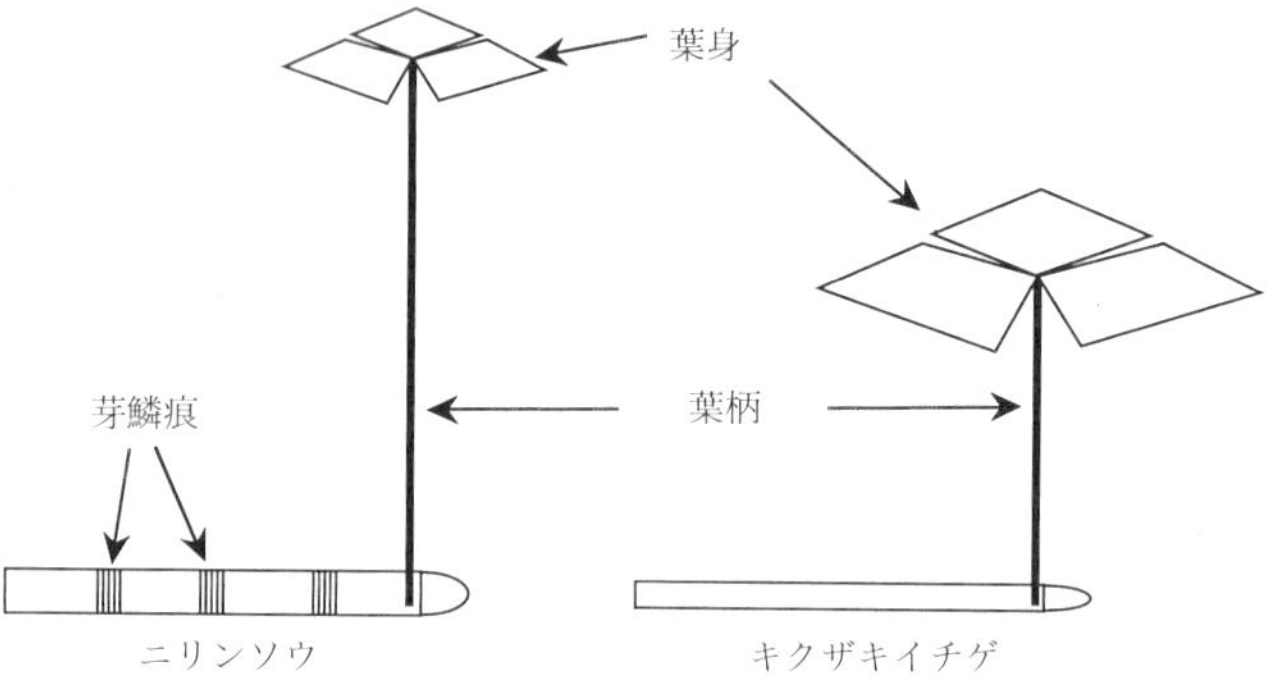

図 29　ニリンソウとキクザキイチゲの模式図．ニリンソウでは，何年か分の地下茎がつながっている．地下茎の 1 年間の伸長量は小さく，太短い感じである．葉柄は高く葉身は小さい．キクザキイチゲでは，地下茎は芽鱗痕のところでやがて切れてしまい，1 年分の地下茎しかつながっていない．地下茎の 1 年間の伸長量は大きく，細長い感じである．葉柄は低く葉身は大きい．アズマイチゲは，両者の中間的な印象である．

く、一年間に地下茎は一〜三センチメートルほどしか伸びないことがわかった。それに対して、キクザキイチゲとアズマイチゲの地下茎を花盛りの頃に掘り出してみると、地下茎の真ん中あたりに一年分の芽鱗痕があるだけであった。もう少し季節が進んでから掘り出してみると、頂端に冬芽が着いているだけで芽鱗痕のない地下茎ばかりになった。どうも、芽鱗痕の先っぽのところで地下茎が自然に切れてしまったようだ（私の掘り出し方が乱暴なせいで切れてしまったわけではない）。これら二種では、花の頃の短い時期を除いて、一年間に伸長した分の地下茎しかつながっていないということである。地下茎の一年間の伸長量はニリンソウより大きく、四〜八センチメートルくらいにはなるか。アズマイチゲよりもキクザキイチゲの方が伸長量は大きい感じだ。

もう一つ気づいたのが、地下茎から伸びている葉における、葉柄の長さと葉身の大きさの関係である。ニリンソウでは、葉柄が長く葉身は小さかった（図29）。一方、キクザキイチゲでは、葉柄は短く葉身が大きかった。アズマイチゲは両者の中間的な印象である。「茎」（実は葉柄）と「葉」（実は葉身）という言葉を使うと、ニリンソウは、「茎」を高く伸ばしてその上に小さな「葉」を広げ、キクザキイチゲは、「茎」をあまり高く伸ばさないかわりに大きな「葉」を広げるということだ。

同じ場所で共存している三種間で、どうしてこういう違いがあるのであろうか？　それぞれの形は、どういう適応的意義を持つのか？　よし、この問題に取り組んでみよう。こうして私は、新しい研究に一歩踏み進んだ。ただしこの道は、これからずいぶんと曲がりくねり、始めに思ったのとは全然違う方向に進むことになる。

5　トレードオフ

生態学には、トレードオフという概念がある。簡単に言うと、あちらを立てればこちらが立たないという関係を表す概念だ。たとえば、一万円を財布に入れて遊びにいく場合を考えてみよう。夕食を豪華にしたければ、昼食は控えめにしないといけない。あるいは、街を歩きながらの買い物も我慢しなくてはならない。このように、ある対象から得られる利益の増加（この例では、夕食を豪華にすること）が、別の対象からの利益の減少（昼食や買い物を控えめにすること）をもたらすことをトレードオフと呼ぶ。イチリンソウ属三種間での形の違いを考える上で、トレードオフの概念は役に立ちそうだ。光合成で稼いだ資源を、葉身と葉柄にどれだけずつ振り分けるか。葉身にたくさん資源を振り分ければ、「葉」の面積が大きくできるので光合成生産量も上がるであろう。しかし、葉柄に振り分ける量が減るので、「茎」が低くなり、まわりの個体の陰になってしまうかもしれない。そうなっては、せっかくの大きな「葉」も宝の持ち腐れだ。逆に、葉柄にたくさん資源を振り分ければ、高い「茎」をつけることができるであろう。しかし今度は、肝心の「葉」の面積が小さくなってしまう。どこかにちょうどいい資源分配比があるのではないか？　そしてそのちょうど良さが種によって違うために、前述したような葉柄と葉身の種特性が進化したのではないか。

それでは地下茎の特徴はどう関係するのであろう？　ニリンソウの地下茎は太短く、キクザキイチゲとアズマイチゲの地下茎は細長い。後者二種では、キクザキイチゲの方がより細長い感じである。私は、こうした特徴は葉身の大きさと関係するであろうと考えた。キクザキイチゲの葉身は大きい。もしも地下茎も短くて節間が詰まっていたら、葉の着く間隔が狭いために葉身が重なり合って、お互いに陰になってしまうであろう（これを自己被陰という）。だから、地下茎を細くして長く伸び、自己被陰を避けることが有利であるに違いない。一方、ニリンソウの葉身は小さい。だから、節間が詰まっていても自己被陰は起きにくいであろう。地下茎を長く伸ばす必要がないので、太くて丈夫な地下茎になっているに違いない。アズマイチゲの地下茎がキクザキイチゲの地下茎よりは短いのは、前者の葉身の方が後者よりも小さいからだろう。

6　乾燥重量を計る

実を言うと、トレードオフの考えは、カエデの研究でも用いていたことである。単軸分枝伸長型では、腋芽由来の枝への資源投資を抑え、頂芽由来の枝に資源を集中している。それに対して仮軸分枝拡大型では、下の方の腋芽由来の枝にも資源をそれなりに投資している（六四頁の図12）。カエデの研究のときには、枝の長さを測っただけでこうした議論をすすめた。しかし今度は、葉身と葉柄にどのように資源を振り分けているのかをちゃんと調べてみよう。とは言ってもそれほど大袈裟なことではない。葉身と葉柄を乾燥機に入れて乾燥させて、乾燥重量を計るだけである。両者の乾燥重量を比べれば、光合成生産物をそれぞれにどれくらい投資しているのかがわかる。また、地下茎の長さと太さもきちっと計った。さて図の#に、といきたいところであるが、これらのデータは今は手元にはない。物持ちの悪さは私の特徴なのだ。これらのデータはこれからの物語の本筋とは関係ないのでお許しいただきたい。ただ、前節で述べたような傾向だったことは記憶している。

7　自然淘汰による進化と最適戦略

一応データは揃った。しかしこれだけでは、イチリンソウ属の形を記述しただけである。なぜ、それぞれの種で違う形が進化したのかに答えたことにはならない。とくに重要なのは、葉身と葉柄への資源分配比がなぜ違うのかということだ。地下茎の形の違いは、それとの関連でそれなりの説明をつけてしまっていた（その説明が正しいのかどうかはわからないが）。葉身と葉柄への資源分配が違う理由を調べるためには、最適戦略という視点からこの資源分配を考える必要がありそうだ。

ここで、最適戦略という概念を、自然淘汰による進化と関連づけて説明しておこう。自然淘汰による進化が起こるためには以下の三つが必要である。

変異　個体間で、ある性質に違いがある

淘汰　性質が異なる個体間では、残す種子の数の平均や、種子が発芽して次世代の繁殖個体として定着する率が違う

遺伝　その性質は多少とも遺伝する

たとえばニリンソウの集団の中に、葉身と葉柄への資源分配比が異なる個体が混ざっているとする。つまり、資源分配比に関して変異があるということである。そして、葉柄が高いために葉身がどれくらい陰にならずに済むのか、肝心の葉身の面積はどれくらいかという兼ね合いで、それぞれの個体の光合成生産量が決まるとする。そうすると、繁殖の時期には、種子生産に投資できる資源量も異なってくる。もちろん、光合成生産量が大きい個体の方が、多くの種子を生産できるであろう。つまり、葉身と葉柄への資源分配比が異なれば淘汰が働くということである（ここでは、種子が次世代になる率に差はないとしておく）。さて今度は次世代を考えて欲しい。葉身と葉柄への資源分配比が多少とも遺伝するならば、次世代の繁殖個体は、その親の資源分配比を多少とも受け継いでいる。だから、他個体に比べて光合成生産量が大きかった（多くの種子を生産した）個体の資源分配比は、次世代の繁殖個体に占める頻度を増しているであろう。これが、自然淘汰による進化である。こういう過程を何世代も何世代も繰り返せば、より大きな光合成生産を実現する資源分配比が集団内にどんどん広がっていくことになる。そしてやがては、光合成生産量が一番大きいものが集団を占有するであろう。葉身と葉柄への最適な資源分配比（最適戦略）が進化するということである。

今、私たちが目にしている生物は、長い進化の歴史を経験している。だからそれぞれの生物は、それぞれの生育場所の環境条件に応じた最適戦略（あるいはほぼ最適な戦略）を進化させている可能性が高い。もちろん、「最適戦略を進化させている」という見方は一つの仮説に過ぎない。しかし私たちは、生物が実にうまくできている、環境に実にうまく適応しているということを経験的に知っている。たとえば人間の目の精巧さには、自然が行った壮大な試行錯誤（さまざまな変異の出現とそれに対する自然淘汰）の結果できあがった完全性を感じてしまう。つまり、「最適戦略を進化させていない」という仮説よりも、「最適戦略を進化させている」という仮説の方が経験則に近いに違いない。ならば、イチリンソウ属植物の形が違うのも、生育場所の環境条件の違いに対応した最適戦略の違いと捉えることができないだろうか？　私は、この視点からイチリンソウ属の形の違いを調べることにした。

こうした考え方は、カエデの分枝伸長様式の研究を行っていたときにも根底にはあったはずのものである。しかし当時の私は、「カエデはうまく適応している」となんとなく思っている程度であり、「うまく適応している」と考える根拠は知らなかった。恥を忍んで告白すると、巌佐庸さんの名著『生物の適応戦略』を博士様になってから読んで、自然淘汰による進化の仕組みや最適戦略が進化すると考える根拠を知ったのだ。一九八九年の秋のことである。しかし、イチリンソウ属の形に目がいき始めた頃（遡って、その年の春から夏）には、常識がまだまだ欠如していた（先の説明は今だからできるのだ。当時の私には無理だった）。そのせいで、私はとんでもない失敗をすることになる。

8 数理生態学

進化学に関する常識はなくても、「それぞれに最適になっている」という着眼には到達できる。最適性は、生物に関して私たちが抱いている感覚に良く合うものだからだ。生育場所の環境条件と、葉身と葉柄への最適な資源分配比を解析してみよう。そう思い立った私は、今まで用いてきた研究手法とはがらりと異なることを行うことを決心した。数理モデルを用いた理論的解析である。

生態学の中には、数理生態学という分野がある。さまざまな生態現象を数学的に解析する分野だ。たとえば、生物の個体数変動を起こす要因について考えてみよう。個体数が少ないうちは、食料が豊富にあるので個体数はどんどん増えていくであろう。しかし、個体数が増えるにしたがって食糧不足が起こり、増殖速度は減少するかも知れない。こうした過程は微分方程式で記述することができる。それでは、どのような微分方程式を当てはめれば個体数変動をうまく説明することができるのか。適合性の高い微分方程式を発見することは、個体数変動の原理（に関する仮説）を発見することである。競争関係にある複数種の個体数変動について連立微分方程式を立てれば、複数種が共存する条件を探ることもできる。数理モデルはもちろん、最適戦略を発見する上でも大いに役に立つ。たとえば、ところどころにまとまって餌が分布しているとき、それぞれの餌場でどれだけの時間を餌探しに費やすことが最適かという問題。これは、木から木（一本の木が一つの餌場にあたる）を飛び回って餌をついばむ鳥など、さまざまな生物の餌探しに通じる問題である。一つの餌場で食べ続けると、餌が少なくなって餌の発見速度が落ちてしまう。かといって、その餌場を飛び立っても、新しい餌場を見つけそこに移動するのには時間がかかる。それならば、もう少しその餌場で粘った方がいいかもしれない。では、いつ餌場を飛び立つことが最適か？　餌場での餌発見速度・餌場間の移動時間などが与えられれば、最適解を数学的に解くことができる。こうした例は、数理生態学が成し遂げてきた数々の研究成果のごく一部である。数理生態学は近年、その重要性を益々増しつつある分野である。

それにもかかわらず、カエデの研究を行っていた頃の私の態度は、「あんなもん遊びだ――」であった（今思うと呆れるが）。私の場合、数理生態学という分野をよく知らなかったゆえの偏見であったと思う。それともう一つ、数学は難しいからと敬遠していたという面もあった（そうすると何で、「遊びだ――」になるんだ？）。

そんな私が数理モデルをやる気になったのは、大学院博士課程でカエデの研究を続けていたときに、コンピュータシミュレーションを行った経験があったからである。話は、博士論文を書いていた頃に遡る。博士論文の一部として私は、カエデの枝の分枝角度を測定し、分枝角度と樹形との関連性を論じた。論じたといっても、仮軸分枝拡大型のように分枝角度が大きいものは、水平方向に広がった樹形を作り、単軸分枝伸長型のように分枝角度が小さいものは、垂直方向に伸びた樹形を作ると決めつけただけであった。博士号取得後、博士論文の内容を投稿論文にすることに取りかかった。分枝角度と樹形の関係の部分を一つの論文にまとめ、国立環境研究所の竹中明夫さんに読んでもらった。竹中さんは、あまりのレベルの低さに呆れたようで、

「某雑誌の短報くらいなら何とかなるかも知れないけど。」

そして、「せめて、分枝角度のデータを用いてコンピュータシミュレーションで樹形を描き、分枝角度と樹形の関係をもっときちっと解析したらどうだろう」と助言して下さった。この助言の言葉に、受話器を持ったまま私は途方に暮れてしまった。なにしろ、修士論文を執筆するときにようやくワープロを覚えたくらいなので、コンピュータは苦手であった。物珍しさから、プログラム言語N88Basicでのプラグラム作成に熱中したりもしたけれど、超初心者の域からは脱していない。

「プログラム書ける?」

「簡単なBasicならなんとか。」

論文を書くためならば手段を選ばない私は、しばらくの思考の末に、「やります」と答えていた。その日から私は、プログラム作成に没頭した。やがて、樹形を描くプログラムが完成。それを使ってカエデのデータを解析し直し、新たな論文にまとめ上げた（論文執筆に関しては、竹中さんに隅から隅まで面倒を見てもらってしまった）。論文は、修士論文の内容が載ったのと同じ雑誌、*Canadian Journal of Botany*に

掲載された。[5]

「自分にもモデルができるんだな」

この論文を書いて私が思ったことであった。

9　大間違いの数理モデルを作る

もしかしたら、私と数学は赤い糸で結ばれていたのかもしれない。小学校の卒業文集では、「将来は数学者になりたい」と書いた。大学四年生のときには、思い立って、一般教養（一、二年生向き）の数学の講義をとりまくった。欠席皆無、毎回の講義の復習も念入りに行い、試験勉強もばっちりであった。数学の奥義を究めんと燃えていたのだ。正確には、大学院にも合格して嗚呼ばら色と思っていた矢先、大学卒業に必要な一般教養科目の単位が足りないことに気づいたからである。すでに後期の講義が始まろうとしているときであり、他の講義は春の時点で履修登録が締め切られていた。秋に履修登録ができる科目は数学だけであったのだ。

では具体的に、葉身と葉柄の最適な資源投資比をどのように計算したのか。その話に入る前にあらかじめお断りしておくと、この節の数理モデルは大間違いであった。私がどのような試行錯誤をしたのかを知ってもらう一端として、あえて自分の失敗談を述べたいと思う。

私が考えたのは、葉柄を伸ばし葉身を掲げた一枚の葉が立っていて、その周りを他個体の葉が壁のように囲んでいる状況である。そして、着目するその一枚の葉において葉身と葉柄への資源投資比を変えたら、その葉の光合成生産量はどう変化するのかをコンピュータを使って計算しようとした。葉身が他個体の葉の陰になる程度は、他個体の葉の壁からの距離と葉身が掲げられている高さ（葉柄の長さ）から計算する。太陽光がこの方向から来るときには壁にこう遮られるので、葉身の受光量はこれくらいになるという感じの計算だ。受光量が決まれば、受光量と光合成生産量の関係から単位葉面積あたりの光合成生産量を計算し、それに葉身の面積をかければお終い。こうした計算を、葉身と葉柄の資源投資比をいろいろに変えて行い、光合成生産量が最大になる資源投資比を求めた。結果はというと……。いや、どうせ大間違いの計算なのだから紹介するのはやめておこう。そもそもよく覚えていないし。当たり前の結果として、他個体の葉の壁が高いほど、あるいは壁が近くにあるほど、葉身への資源投資を減らし葉柄への投資を増やすことが最適であるとなったことであろう。

このモデルのどこが大間違いなのか？　それを知るのは、釧路で行われた第三六回日本生態学会大会においてである。

10　釧路での生態学会

第三六回の日本生態学会大会は、一九八九年八月二二日〜二五日に釧路公立大学で行われた。この大会は、今までの大会と趣向を大きく変え、学会員が企画するシンポジウムが中心であった。「自然選択・血縁選択・性選択——その検出と解釈をめぐって——」「消費型競争による資源利用パターンの進化」「葉の生存期間」「植物生態における〝かたち〟」といったテーマを会員が企画する。そして企画者は、発表者を何人か選んで、テーマに沿った発表をしてもらうという形式である。これ以外の一般講演はポスター発表（研究内容をまとめたポスターを掲示して、見に来た人に説明するという形式）で行う。私は、「植物生態における〝かたち〟」というシンポジウムの講演者に招かれ、「カエデ属における単軸分枝・仮軸分枝の適応進化」という演題で講演する予定であった。

その年の冬に運転免許証を取得し、続けて中古車も購入した私は、運転にも慣れ遠出をしたい盛りの頃。そこで、北海道までフェリーと車でいき、学会の帰りに大雪山にでも登ってこようと決めた。日光植物園で矢原さんと落ち合い、磐越自動車道を新潟に走らせる。途中で突然、「バーン」というすさまじい爆発音がしたので思わずブレーキを踏んだら、花火大会の打ち上げ花火であった。高速道の直ぐそばで花火大会をやるのは危ないと思う。翌日新潟港で、大学院の後輩の牧雅之君と待ち合わせる。そして三人で、新潟発小樽行きのフェリーに乗り込んだ。

生態学会大会は、日本中の生態学者が集まる場である。だから、いろいろな人たちと議論をする絶好の機会である。自分の研究発表をして他者の研究発表を聞くだけではもったいない。現在取り組んでいるデータを持っていって、個人的に話を聞いてもらおう。私は、イチリンソウ属の形のデータと、葉身と葉柄への最適資源投資比のモデルの計算結果を荷物に入れていた。フェリーは一泊二日の長旅である。かなり暇だ。それならばとさっそく、矢原さんと牧君にデータを見てもらうことにした。イチリンソウ属の形のデータは、すんなりと説明が終わった。続いて私は、モデルの話を得意げに紹介した。しかしどうも二人の反応が良くない。とくに矢原さんは、

「差や、差や。他個体との光合成生産量の差を比べるんや。」

私には、矢原さんの言葉の意味がわからなかった。挙げ句に、ふてくされて説明をやめてしまった。フェリーは、早朝の四時に小樽に着いた。そこから車を東に走らせる。途中、希少植物の宝庫として有名なアポイ岳に登り、その日の夕方に釧路に到着。三人でさっそく街に繰り出した。元気だったなあ。

翌日から学会が始まった。私の講演は最終日の午後。それまでは、他者の講演を聴いたりポスター発表を見る合間をぬって、いろいろな人にイチリンソウ属の話を聞いてもらうことにした。その中の

一人に原田泰志さんがいた。原田さんは、京都大学理学部生物物理学教室で数理生態学を専攻した方である。お近づきにさせていただいたのは、私が大学四年のとき。京都大学生態学研究センターの先輩の松井淳さんの結婚パーティーの二次会で隣り合わせ、数理生態学専攻という原田さんに、

「知ってまーす。日本では絶対就職できない分野ですよね。」

と、いきなり失礼なことを言ったのが最初だったように思う。もちろんこの私の言葉は間違いで、数理生態学者は日本でもたくさん研究職に就職している。その原田さんにモデルの話をすると、

「うーー、ちょっと待って。なんやわからん。」

そして、進化的に安定な戦略の講義が始まった。

この日、原田さんとお話ができなかったら、イチリンソウ属の研究はいったいどうなっていたことやらと思う。気づいてみると私は、進化生態学（生物の生態的な性質の進化を調べる分野）の基礎を何も知らなかった。一からやり直しだ。新たなる勉強と、イチリンソウ属の形の違いの意味を改めて考え直す日々が、学会から帰ってから始まることになる。その話は次章にて。

第六章◎

草の多様性の進化に関する理論的解析

1　ゲーム理論

たとえばこんな話から始めてみよう。贔屓チームをゴール裏で応援するために、試合開始の何時間前にスタジアムに着けば良い場所をとれるであろうか？　早く着くに越したことはないけれど、スタジアムで長々と待つのはいやだ。では何時に出かけましょうか。二〇〇一年のシーズン現在はJ2に所属するベガルタ仙台（本書が古典となっている頃には、「王者ベガルタ仙台が、J2にいたことがあったの――？」と驚く人がいることであろう）は、J2ではかなりの集客力を誇る。それでもやはり、開門時間に着けば余裕であろう（私は、年間指定席を購入しているので、実際のところはわからないのだ）。これが日本代表の試合ともなれば、一晩二晩の徹夜を覚悟しなくてはならない。要するに、どれくらいの人が試合を見に来るのか、そしてその人たちが試合開始の何時間前に来るのかによって、良い場所を確保できるかどうかが変わってしまうということである。試合開始三〇分前になっても誰も来ないならば、三〇分前に着けば楽勝だけど、徹夜組がスタジアムを取り囲んでいたら、三〇分前に着いては絶望である。どんな試合にもあてはまる最適な到着時間（できるだけ短い待ち時間で、良い場所が確保できる到着時間）は存在しない。

このように、自分が同じ振る舞いをしていても、他個体がどのように振る舞うのかによって自分の利得が変わってしまう状況は、人間社会（そして後で述べるように生物界でも）に広く見られることである。このとき、各個体が果たしてどのように振る舞うようになるのかという問題は、ゲーム理論というものを用いて解析する。たとえば、五万人の観客が押し寄せる試合における、各観客のスタジアムへの到着時間の進化を考えてみよう。出発点として、全員が試合開始三〇分前に到着した試合を考えてみる。この場合、押し合いへし合いで、ゴール裏の良い場所を確保できる可能性は低いであろう。そこで、ある一人の観客は、次の試合では、試合開始の四〇分前に到着することにした。他の観客が相変わらず三〇分前に到着するのならば、この人は楽々良い場所を確保できる。しかし考えることは皆同じで、今度は全観客が四〇分前に到着するかも知れない。そうするとやはり、良い場所を確保できる可能性は低い。となるともっと早く到着しようとみんなが考えて……。行き着く先は、どれくらいの待ち時間に耐えられる根性を持った人がどれくらいいるのかということとの兼ね合いで決まる。

長時間待つのは平気という人ばかりならば、徹夜組もたくさん出現するであろう。あるいは、どうせ良い場所は取れないのだからと、試合開始の直前に到着する人も現れるかもしれない。実際に、フランスワールドカップの予選のホームゲームのチケット獲得競争は、試合を重ねるごとに過熱化していった。第一戦のウズベキスタン戦は、発売開始時間の数十分前に並んでも大丈夫だったのに、ホーム第三戦のＵＡＥ戦・ホーム最終戦のカザフスタン戦は、徹夜しないと駄目であった。

それでは、私のモデルのどこが間違っていたのか。私は、ある個体に着目して、そのまわりを他個体の葉の壁が取り囲んでいる状況を考えた。そして、他個体の葉の壁は与えられた環境要因のようなもので、その環境の元での、葉身と葉柄への最適な資源投資比を計算した。他の観客のスタジアムへの到着時間が固定されているときに、自分がいつ到着するのが最適かということを計算したようなものである。しかし実際には、他の観客も、状況に応じてスタジアムへの到着時間を変える。同様に、（擬人的に書くと）まわりを取り囲む他個体も最適に振る舞おうとする（光合成生産量が最大になるように、葉身と葉柄への資源投資比が世代を経るとともに変化する）はずである。他個体の葉の壁の高さも進化する（不変ではない）ということだ。そして当然、自個体の資源分配比は変わらなくても、まわりの他個体の葉柄の高さが変わると、自個体が日陰になる程度も変わる。そのため、自個体の光合成生産量も変わってしまう。そうなると、最適だと思っていた葉身と葉柄への資源分配比が、最適ではなくなってしまうかもしれない。幸か不幸か、私が初めて取り組んだ理論的解析は、単純な最適化ではなくて、ゲーム理論を用いて解析するべきものであったのだ。

生物の生態的性質の進化を解析する上で、ゲーム理論を用いるべき状況は非常に多い。代表的な例が性比（雌と雄の比率）の問題。各個体がどういう性比で子を産むのかによって集団の性比が決まり、さらには、交配相手の獲得率が決まる（たとえば雄にとっては、競争相手となる雄が少なく、交配相手となる雌が多いほどよい）ので、ゲーム理論の世界というわけだ。ちょっと脇道にそれるが、ゲーム理論の有効性を知ってもらうため、なぜ、多くの生物で雌と雄の比率は一対一なのかという解析を直感的に説明してみよう（詳しくは、拙著『生き物の進化ゲーム』[6]を参照して欲しい）。

一般に、雌が産む子の数は、雌が繁殖に投資できる資源量に依存して決まる。それに対し、雄が残す子の数は、何個体の雌と交配できたのかによって決まる。雄には子を産む負担がないので、潜在的には何個体の雌とでも交配できるということである。

それでは、話をわかりやすくするために、雌一個体あたり四個体の子を産む生物があるとしよう。そしてこの生物のとある集団では、大多数の雌親（野生型と呼ぶ）が、娘を三個体、息子を一個体産んでいるとする。大多数がこの性比で子を産み続けているならば、この集団における成熟個体の性比も雌対雄＝三対一になっているはずである（雌雄の死亡率の違いとか細かいことは無視することにする）。つまりこの集団では、平均して、雄一個体あたり雌三個体と交配できるはずだ。それでは、この集団において、野生型の雌親（娘を三個体、息子を一個体産む）一個体あたり、何個体の孫に恵まれるのかを計算してみよう。息子は、成熟した暁には三個体の雌と交配できるはずなので、交配相手の雌三個体×一個体の雌が産む子四個体＝一二個体の子を残すと期待できる。一方、娘が成熟したらそれぞれ四個体の子を産むから、三個体の娘が産む子の数の合計は、

娘三個体×一個体の雌が産む子四個体＝一二個体

となる。したがって、野生型の雌親一個体あたり、一二＋一二＝二四個体の孫を持つことになる。さて、この集団に、突然変異を起こして、娘を一個体、息子を三個体産む雌親（突然変異型と呼ぶ）が現れたとする。突然変異型の数はごく少ないので、集団の性比は影響を受けない。だから、三個体の息子は、成熟したときにはそれぞれ三個体の雌と交配できるので、息子一個体あたり一二個体の子を残すことになる。息子三個体あわせて一二×三＝三六個体の子を持つということだ。結局、娘が産む四個体とあわせると、突然変異型の雌親は、三六＋四＝四〇個体の孫を持つことになる。孫は、産む子の性比に関して祖母の性質を多少とも受け継いでいるであろう。つまり、孫を多く残すものの方が、その遺伝的性質を後世に伝えやすい。野生型の性質（娘三個体・息子一個体を産む）に比べ、突然変異型の性質（娘一個体・息子三個体を産む）の方が伝わりやすいということである。したがって、突然変異型の性質は世代とともに広がり、集団中での雄の割合が増えていくことになる。

今度は逆に、大多数の雌親（野生型）が、娘を一個体、息子を三個体産んでいる集団を考えてみよ

う。大多数がこの性比で子を産み続けているならば、この集団における成熟個体の性比は雌対雄＝一対三である。つまり、雄一個体あたり三分の一の確率でしか雌と交配できない。では、野生型の雌一個体あたりの孫の数はどうなるか。三個体の息子あわせても、

息子三個体×交配確率三分の一×一個体の雌が産む子四個体＝四個体

でしかない。娘（一個体しかいない）が産む四個体とあわせると、四＋四＝八個体の孫を持つことになる。この集団に、突然変異型として、娘を三個体、息子を一個体産む雌親が現れたとしよう。息子が残す子の数の期待数は、交配確率三分の一×一個体の雌が産む子四個体＝三分の四個体である。一方、三個体の娘はあわせて一二個体の子を産む。だから、突然変異型の雌親の孫の数は合計で一三と三分の一個体である。突然変異型の孫の数の方が多いので、野生型の性質（娘一個体・息子三個体を産む）に比べ、突然変異型の性質（娘三個体・息子一個体を産む）の方が後世に伝わりやすい。したがって世代とともに、集団中での雌の割合が増えていくことになる。

以上の議論は、雄よりも雌が多い集団では雄を多く産む性質が世代とともに広がり、雌よりも雄が多い集団では雌を多く産む性質が世代とともに広がるということを示している。つまり、行き着く先は、雌と雄が同数いる集団、雌対雄＝一対一という性比（厳密には出生時の性比）の集団である。

この他にも、儀式的な闘争（本気にはやらない喧嘩）の進化や、餌探しにおける個体間競争、葉の展開時期の個体間でのずれの進化など、さまざまな問題の解析でゲーム理論が活躍している。

2 進化的に安定な戦略

ゲーム理論があてはまる問題では、最適解を単純に求めるわけにはいかない。他個体がどう振る舞うのかによって自個体の利得が変わってしまうからだ。それではいったい何を求めればよいのか？何を目安に、葉身と葉柄への資源投資比の進化を予測すればいいのか？　生物学のゲーム理論で求めるべきもの、それが進化的に安定な戦略である。

たとえば、集団中の大多数の個体（野生型）において、葉身対葉柄への資源投資比が○・五対○・五であったとする。そこに、突然変異により、資源投資比が異なる個体（突然変異型）が現れたとしよう。葉身対葉柄＝○・四対○・六と、葉柄をもう少し高く伸ばした突然変異型とか。この突然変異型の葉身は、まわりを取り囲む野生型（集団の大多数は野生型なので、まわりはほとんどが野生型である）の葉身より高い位置に掲げられている。葉身面積の減少分を補うほどに受光量が増し、この突然変異型の方が野生型よりも多くの光合成生産を行うことができたとする。そうすると、突然変異型はより多くの光合成産物を種子生産に投資できる。野生型一個体あたりよりも突然変異型一個体あたりの方が多くの種子を残すということなので、次世代では、突然変異型の子孫が頻度を増していることになる。

葉身と葉柄への資源投資比が多少とも遺伝するならば、次世代では、葉身対葉柄＝〇・四対〇・六という個体が増えているということである。葉身対葉柄＝〇・四対〇・六の個体が世代を経るとともに増え続け、ついには多数派（新しい野生型）になったとしよう。葉柄への資源投資比が高い方へと進化したわけだ。今度はそこに、葉身対葉柄＝〇・三対〇・七と、葉柄がさらに高い突然変異型が現れたとする。もしもこの突然変異型の方が光合成生産量が多いなら、この突然変異型は世代とともに集団中での頻度を増す。そしてやがては、多数派となって野生型に取って代わるかもしれない。そうなると、葉柄への資源投資比はますます高い方へと進化したことになる。

もちろん、この説明とは逆の方向への進化だってあり得る。たとえば、葉身対葉柄＝〇・五対〇・五の野生型が占める集団に、葉身対葉柄＝〇・六対〇・四という、葉身への資源投資が増えた突然変異型が現れたとする。この突然変異型の方が野生型よりも光合成生産量が大きいなら、葉身への資源投資が増える方向に集団は進化するであろう。

いずれの方向に進化するにせよ、野生型が突然変異型にとって変わられるという過程が延々と続くのであろうか？　つまり、葉身と葉柄への資源投資比はいつまでも進化し続けるのであろうか――？　たとえば、葉身対葉柄＝〇・六対〇・四の野生型が占める集団に、葉身対葉柄＝〇・五対〇・五の突然変異型が現れたとする。もしも、野生型よりもこの突然変異型の方が光合成生産量が少なければ、突然変異型一個体あたりの種子生産量は野生型一個体あたりに比べて少ない。そのため、突然変異型の子孫はやがては集団から消えていってしまうであろう。野生型は安泰である。――そしてもしも、ど

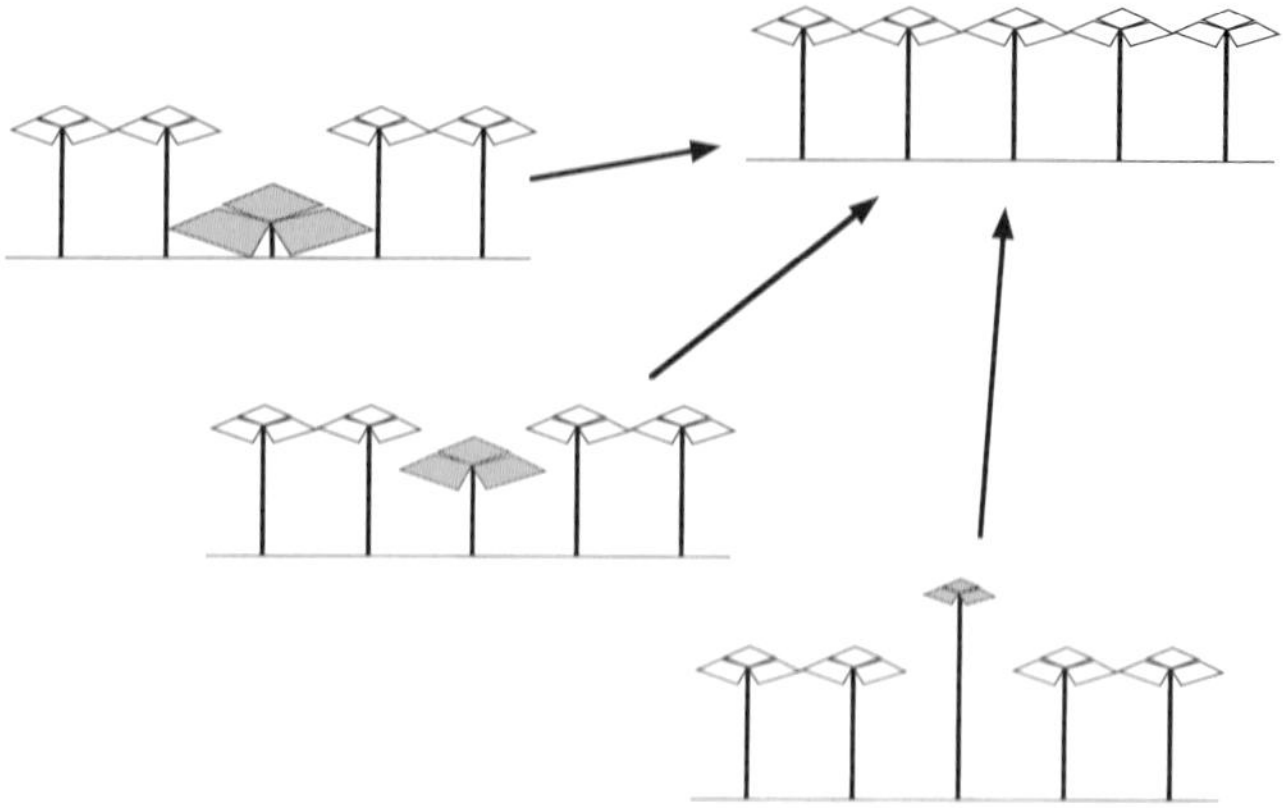

図30　進化的に安定な戦略．この戦略を採用している個体が野生型（白い個体）として大多数を占める集団では，どんな突然変異型（灰色の個体）も自然淘汰上不利（光合成生産量が野生型よりも低いなど）である．そのため，どんな突然変異型が現れても，その子孫はやがては消え去ってしまう．野生型は安定的に存続し続けるので，その戦略を進化的に安定な戦略という．

んな突然変異型が現れたとしても、野生型の方が光合成生産量が多いのならば、野生型は安泰であり続ける（図30）。葉身対葉柄＝○・六対○・四の野生型が占める集団に、葉身対葉柄＝○・一対○・九とか○・二対○・八とか○・七対○・三とか○・九対○・一とか、どんな突然変異型が現れたとしても野生型の方が光合成生産量が多いのならば、突然変異型にとって変わられることはない。その野生型の戦略（資源投資比が、葉身対葉柄＝○・六対○・四）が私たちの求める答え、進化的に安定な戦略である（図30）。

では改めて、進化的に安定な戦略と最適戦略の違いをまとめておこう（図31）。葉身対葉柄＝○・六対○・四の資源投資比が進化的に安定な戦略ならば、この資

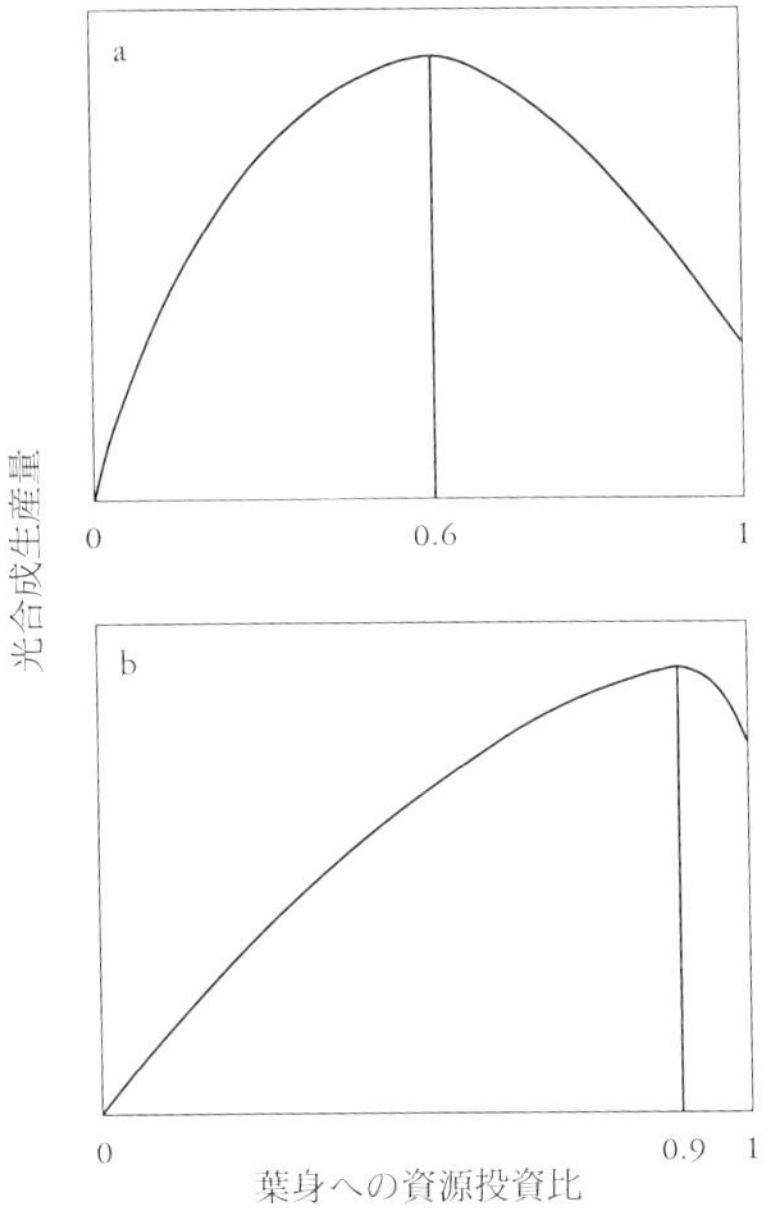

図 31　葉身への資源投資比と光合成生産量の仮想的関係図．進化的に安定な葉身への資源投資比は 0.6 であるとする．野生型において，葉身への資源投資比が 0.6 である集団（図 a）では，この資源投資比のところで光合成生産量が最大となる．そのため，葉身への資源投資比が 0.6 ではない突然変異型はこの集団中で広がることができない．それに対して，野生型における葉身への資源投資比が 0.6 ではない集団では，葉身への資源投資比が 0.6 である個体の光合成生産量が最大になるとは限らない．たとえば，野生型において，葉身への資源投資比が 1 である集団（図 b）では，葉身への資源投資比が 0.9 のところで光合成生産量が最大となるかもしれない．

源投資比の個体が占有している集団では、他のどんな資源投資比の個体よりもこの資源投資比の個体の方が光合成生産量が多い。つまりこの集団では、葉身対葉柄＝〇・六対〇・四のとき光合成生産量が最大となる。しかし、この資源投資比の個体が大多数を占めていない集団では、葉身対葉柄＝〇・六対〇・四の個体の光合成生産量が最大となるとは限らない。たとえば、葉身対葉柄＝一対〇の個体が占有している集団があるとする。この集団では、葉身対葉柄＝〇・六対〇・四の個体よりも、葉身対葉柄＝〇・九対〇・一と、葉身をあまり小さくせずに葉柄を少し伸ばした個体の方が光合成生産量が大きいかもしれない。これに対して最適戦略では、集団中の他個体がどうであれ最適戦略はいつでも最適である。つまり、最適戦略を採用している個体の利得（ここでは光合成生産量）は、どんな集団においても常に最大となる。

　進化的に安定な戦略は、メイナード＝スミスとプライスというイギリスの研究者が、動物の儀式的な闘争の進化を解析した論文で提唱した概念である。一般的に定義すると、その戦略を採用している個体が集団の大多数を占めているならば、その集団に現れるどんな突然変異型も自然淘汰によって排除されるとき、その戦略を進化的に安定な戦略という。進化的に安定な戦略を採用している個体に集団が占有されたら、その戦略はいつまでも安定的に存在し続ける。つまりそれは進化の到達点であり、長い進化の歴史の末に自然界の生物は、こうした安定点に到達しているのではないかと考えるわけである。

　私は、メイナード＝スミスの著書『進化とゲーム理論』を買い、進化的に安定な戦略の勉強を始めた。この本は、生物のさまざまな振る舞いの進化を平易な数学を用いて解析している。数学的解析が主体であるという点で、私がそれまでに勉強した生物学の本とはずいぶんと印象が違った。そして、カエデの世界から進化生態学の世界へと、新しい領域に自分は入ってきているという実感を持った。いや正しくは、その世界にいるという自覚もなく駆け回っていた人間が、自分がいる世界のことをようやく知りだしたといった方がいいであろう。進化生態学のことは何も知らずにやっていたけれど、カエデの研究も進化生態学であったと今では思っている。

3　ギブニッシュさんの論文を読む

釧路での生態学会で、原田さんに指摘されたことがもう一つあった。

「葉の高さに関する進化的に安定な戦略の研究、どっかで見たことがあったで。」

そして、私が持っていた原稿の文献リスト（私は、かの間違いモデルをざっと原稿にまとめていたのだ）を見ながら、「これやこれや」と示したのが、ギブニッシュさんが一九八二年に書いた、「森林の草本における葉の高さの適応的意義について」[7]（原文英語）であった。この論文はまさに、葉と茎への資源投資比に関する進化的に安定な戦略を解析していた。自分で知っているはずの論文を教えられるという間抜けさである。

ギブニッシュさんは、論文の始めの方で簡単なゲームモデルを提示している。ある個体の茎の高さをh_1とし、葉の量を$f(h_1)$とする。葉の量がh_1の関数として表されているのは、茎の高さと葉の量の間にトレードオフの関係を想定しているからである。つまり、h_1が大きいということは、葉の生産に回す資源を減らして茎を高く伸ばしているということである。だから、h_1が大きくなると$f(h_1)$は小さくなる。そして、単位量の葉あたりの光合成速度を$g(h_1-h_2)$とする。h_2はまわりの個体の茎の高さである。まわりの個体よりも茎が高い（h_1-h_2が大きい）ほど、受光量が増すために光合成速度$g(h_1-h_2)$は大きいという仮定である。個体の光合成生産量は、

光合成生産量＝

単位量の葉あたりの光合成速度$g(h_1-h_2)$×葉の量$f(h_1)$

となる。以上の仮定の元で、進化的に安定な茎の高さを計算することができる（細かい数学の話をすることが本書の目的ではないので計算過程は省略）。結果は、個体密度が高くて互いの被陰の影響が大きい集団ほど、進化的に安定な茎の高さが高いというものだ（図32）。一見当たり前の結果に思えるが、もう少し結果の意味を考えてみよう。茎を高くすることの利益は、まわりの個体よりも葉を高く掲げて、葉が受ける光の量を増やすことにある。たとえば、まわりの個体の茎の高さが一〇センチメートルのと

ころに、高さ一五センチメートルの茎を伸ばせば受光量増大の恩恵にあずかる。しかし、ゲーム理論の肝要な点は、高さ一五センチメートルの茎が有利ならば、世代とともにその高さの茎を伸ばす個体が増えていくということだ。やがては、集団のほとんどの個体の茎が高さ一五センチメートルになっ

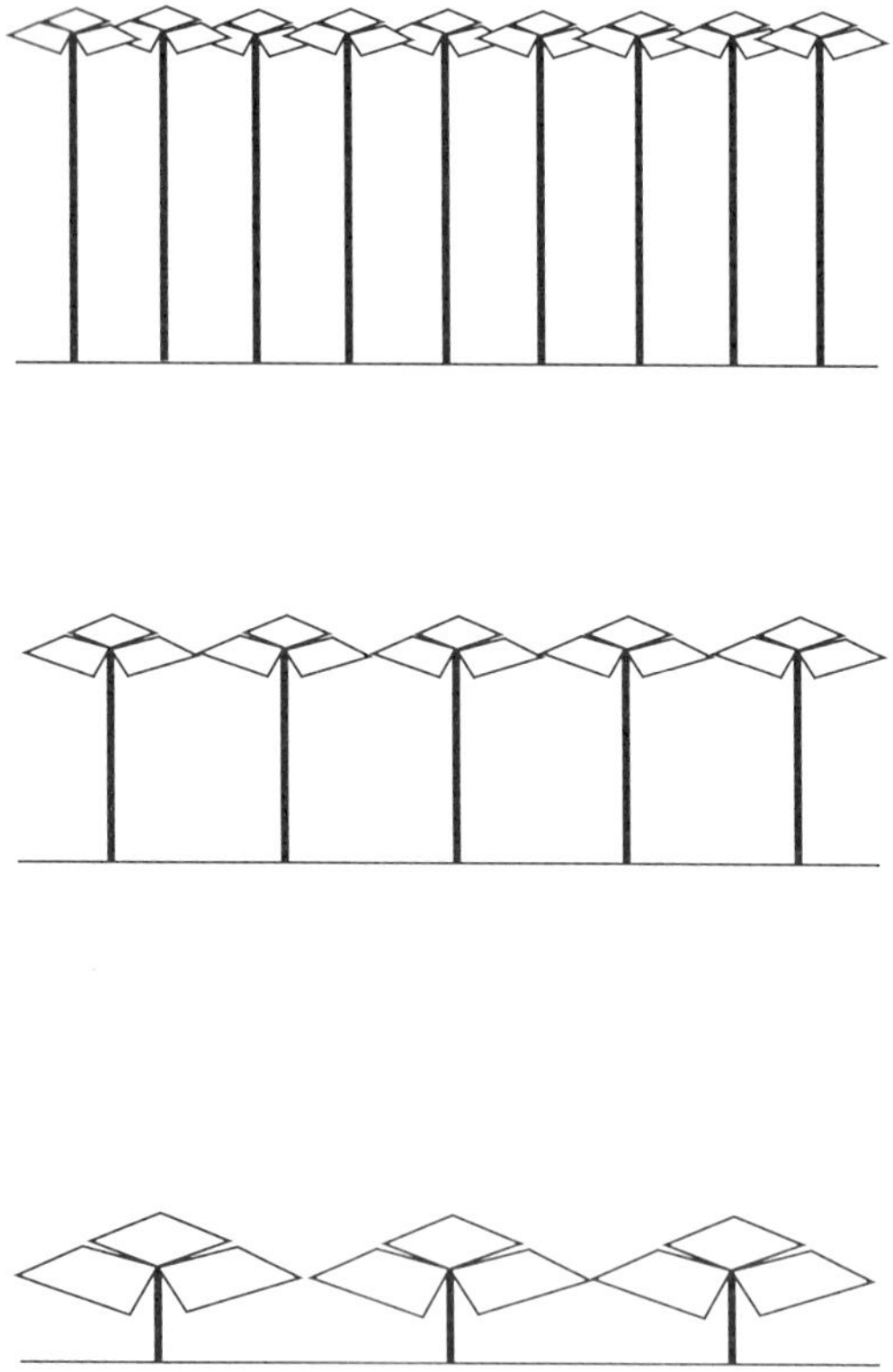

図 32　進化的に安定な葉と茎への資源投資比の模式図．個体密度が高い集団ほど，茎への資源投資比が減り葉への資源投資比が増える．

てしまう。そうなると、まわりの個体との高さの差がなくなってしまい、受光量増大の恩恵はなくなる。いや、茎を高くした分だけ葉の量が減ってしまっているので、葉が減る上に受光量は増えないという悲しい状況である。これならば、自個体もまわりの個体も高さ一〇センチメートルの茎を伸ばしていたときの方がましだ。それでも高さ一五センチメートルの茎が進化してしまうのは、まわりの茎の高さが一〇センチメートルのときには、高さ一五センチメートルの茎を伸ばすことが有利だからだ。みんなで協定して低い茎を伸ばせばみんながいい思いをするのに、裏切り者（高い茎を伸ばす）が得をするためにみんなが辛い思い（受光量は増えないのに高い茎を伸ばす）をするのが、生物学におけるゲーム理論のよくある帰結である。そして、個体密度が高いほどより高い茎が進化する。全個体が進化的に安定な高さの茎を伸ばしている状態（高さの差がない状態）では、受光量増大の恩恵はないにもかかわらずである。

4　茎と葉柄は違う!?　コンピュータシミュレーション

ギブニッシュさんの論文は、私が初めて真剣に読んだ理論的論文であった。理論の世界に慣れていない私には、ギブニッシュさんの解析はいい加減に見えた。むろん、これは私の方が間違っていたことである。しかし当時の私には、こんな解では不十分に見えたのだ。

$$-f'(h^*)/f(h^*)=g'(0)/g(0)$$

これは、進化的に安定な茎の高さh^*の一般解である。式の中身は説明しないけれども、要するに、この条件を満たすh^*が進化的に安定な茎の高さであるということだ。ところが理論の素人の私は、

$$h^*=○△×$$

というふうに、進化的に安定な茎の高さh^*はいくつであると示されていないといけないと思った。あるいは、個体密度がこれこれのときには、進化的に安定な茎の高さは何センチメートルであると論文に書いていないといけないと思った。つまり、ギブニッシュさんはちゃんと解析していない！

それともう一つ、ギブニッシュさんの論文を読んで思ったことがあった。イチリンソウ属を対象に私が考えていたのは、葉身と葉柄への資源投資比である。一方、ギブニッシュさんが解析したのは、葉と茎への資源投資比である。まあ、何を頭に描いて数理モデルを作ったのかが違うくらいで、両者には本質的な違いはない。どちらも、光合成する器官とそれを高く掲げる器官への資源投資のトレードオフを解析しているのだから。しかし当時の私は、

「ギブニッシュさんのは葉と茎のモデルだから自分のとは違う」

と思ったのだ。そりゃもちろん、同じ研究をすでに誰かがやっていたら、自分の研究の価値はなくなってしまう。だからといって——。自己防衛本能のすごさに感心してしまうくらいである。

こうして私は、あれこれ理屈をつけて自分の数理モデルは価値ありと判断した。そして、この数理モデルをゲーム理論に直して、葉身と葉柄への進化的な安定な資源投資比を解析することにした。結局この改良版モデルもお蔵入りとなるのだが……。

私がやろうとしたのは、コンピュータを使ったシミュレーションである。まず始めに、葉身対葉柄＝一対〇の資源投資比の野生型を横一列に並べる。その真ん中に、資源投資比が野生型とは異なる突然変異型を一個体おく。そして、野生型と突然変異型それぞれの葉身の受光量を計算する。それを元にそれぞれの光合成生産量を計算し、どちらの型の光合成生産量が大きいのかを調べる。野生型の中に侵入させてみる突然変異型の資源投資比は、葉身対葉柄＝一対〇から葉身対葉柄＝〇対一まで、値をほんの少しずつ変えていく。ただし、野生型と資源投資比が同じになるもの（この場合、葉身対葉柄＝一対〇）は試さない。このようにして、葉身への資源投資比が高いものから順番に野生型と比較していく。野生型の方が光合成生産量が多ければ、その突然変異型は競争に負けて消え去ってしまうと判断する。突然変異型の方が光合成生産量が多ければ、その突然変異型は野生型にとって変わると判断する。たとえば、葉身対葉柄＝〇・九対〇・一の突然変異型の方が野生型よりも光合成生産量が多ければ、葉身対葉柄＝〇・九対〇・一のものを新しい野生型として横一列に並べる。もちろん、野生型に勝つ突然変異型は一種類だけではなく、他の資源投資比（たとえば葉身対葉柄＝〇・八対〇・二）の突然変異型も野生型に勝つことがあるであろう。その場合は、最初に勝った突然変異型を新しい野生型として置き換えることにした。こうした比較を繰り返せばやがて、どんな資源投資比の突然変異型よりも光合成生産量が多い野生型が見つかるであろう。その野生型の資源投資比が進化的に安定な戦略である。

今思うと、やろうとしたこと自体は間違っていない。しかし、うまくいったとしても、ギブニッシュさんの結論を越えるものは出てこなかったであろう。しかも私は、モデルの仮定を不必要なまでに現実的にしようとして深みにはまった（本章第10節二二八頁参照）。たとえば、茎の重さと高さの関係をどう仮定すればいいのであろうかと私は考えた。ギブニッシュさんの論文の後ろの方を見ると、その関係に関する難しい数式が並んでいる。それによると、自重や風などで茎が倒れないためには、高さの三分の二乗に比例する直径の茎が必要らしい。さらに読み進むと、ヤング率だの曲げモーメントだの、なじみの薄い言葉が出てくる。そして複雑な計算から、

$$S=\frac{6h^4{\rho'_s}^3\tau^2}{E}\left[1+\sqrt{1+\frac{PE}{6h^4{\rho'_s}^2\tau^2}}\right]$$

という関係が得られるとのことだ。式の説明はしない（というより、ずいぶん昔に読んだことなので、今の私にはできない）。要は、茎の重さSと高さhの関係がこの式で与えられるということである。なるほど

そうなのかと思った私は、この関係式を用いて、茎への資源投資量（重さ）と高さの関係を定めなくてはいけないのだと思った。こんな感じで、私のコンピュータシミュレーションは複雑化していった。

あれやこれやの後、N88Basicのプログラムが完成。プログラムを実行してみると、やたら計算に時間がかかる。そして、いつまでたっても、どんな資源投資比の突然変異型よりも光合成生産量が多い野生型に到達しない。突然変異型における葉柄への資源投資比を少しずつ増やしていくと、野生型に勝ってしまうものがやがては出てくるのだ。その度に、葉柄への資源投資比がより多い野生型に置き換わっていく。そして、葉身対葉柄＝〇・一対〇・九といった葉柄を高く伸ばしたものが野生型になると――、今度は、葉身対葉柄＝一対〇という、葉柄を伸ばさない突然変異型の方が光合成生産量が多くなってしまった。葉柄への資源投資比が大きくなる方向に野生型が置き換わっていった挙げ句、葉身対葉柄＝一対〇の振り出しに戻ったのである。これでは、また同じことの繰り返しだ。シミュレーションの仮定に問題があるのか、あるいはプログラムに欠陥があるのだろうと考えた私は、プログラムを改良してさらに複雑なものにした。そして計算を再実行。しかし結果はまた同じであった。そこで、またまたプログラムを改良して計算を再実行。こうした改良を何度も繰り返す内にプログラムはどんどん複雑になっていき、一晩かけないと計算が終わらなくなってしまった。計算を実行して帰宅し、翌朝、祈るような気持ちでコンピュータの画面を見る。そこには、振り出しに戻っていることを示す計算結果がピコピコしている。「あ――」とため息をついて改良策を練る。そういう改良策はすぐに思いつくのだから不思議だ。ある朝、「今度こそは」と願って画面を見ると――、振り出しに戻ることなく、進化的に安定な資源投資比に到達していた。葉身対葉柄＝〇・〇一対〇・九九！　こんな資源投資比の植物が現実にあるわけがない。

結局、このコンピュータシミュレーションはボツになった。無理矢理結果をまとめて研究室セミナーで話をしたものも、

「一言も理解できなかった」

と言われてお終いであった。モデルの仮定の細かい点は覚えていないし、当時書いたプログラムが残っているはずもない。だから何がいけなかったのかは今となってはわからない。一番の問題点は、ギブニッシュさんがすでにやっていたことなのに、「茎と葉柄は違う」という理屈で認めなかったことだと思う。まったくもって、時間を無駄にしたコンピュータシミュレーションであった。

5　研究室の城の中で

小石川植物園の研究室は、緑に囲まれた心地よい空間にある。外から見ると、すさまじいいじめ（ではなく、研究上の相互の批判）が行われているところのようには見えないであろう。その頃の私は、いじ

めるよりもいじめる方がいいと、他者の研究をいっぱしに批判するようにもなっていた。自分の研究が批判されるのは相変わらずであったので、いじめられつついじめつつか。誤解されないように付け加えておくと、研究室で行われていたのは、近頃の学校での陰湿ないじめとは全然違う。研究に対する建設的な批判であり、良い研究をする上で必要不可欠なものである。他の研究室のセミナーの様子を聞くと、うちの研究室の「いじめ」は確かに激しかったとは思うが。

　私の机は、小石川植物園本館一階の学生部屋の窓辺にあった。閉鎖的な空間が好きであった私は、机の回りを本棚で囲って小さな城を築きあげていた。隣には、牧雅之君がもう少し小規模な城を造っていた。コンピュータシミュレーションでの研究はとうに行き詰まりである。どうにかならないかなあ。一九八九年の秋のある日、城の中でぼんやり（真剣にではなくぼうっと）と私は考えていた。そしてふっと思いついた。

「こういう基本形（図33）を考えれば、いろいろな形の草を表現できるんじゃないかな。」

基本形の個体は、葉・垂直の茎・水平の茎の三つの器官からなる。それぞれへの資源投資比をL、V、Hとすると、$L+V+H=1$かつ$L, V, H \geqq 0$でなくてはならない。そして、この制約を満たす範囲内で、葉L・垂直の茎V・水平の茎Hへの資源投資比を自由に変えることができるとする。葉と垂直の茎に資源投資をして水平の茎には資源投資をしない（$L, V>0$かつ$H=0$）と、上に伸びる茎を一ヶ所から複数伸ばした（叢生した）草になる。身近な例では、キキョウやハルジオン・ナズナなどがこうい

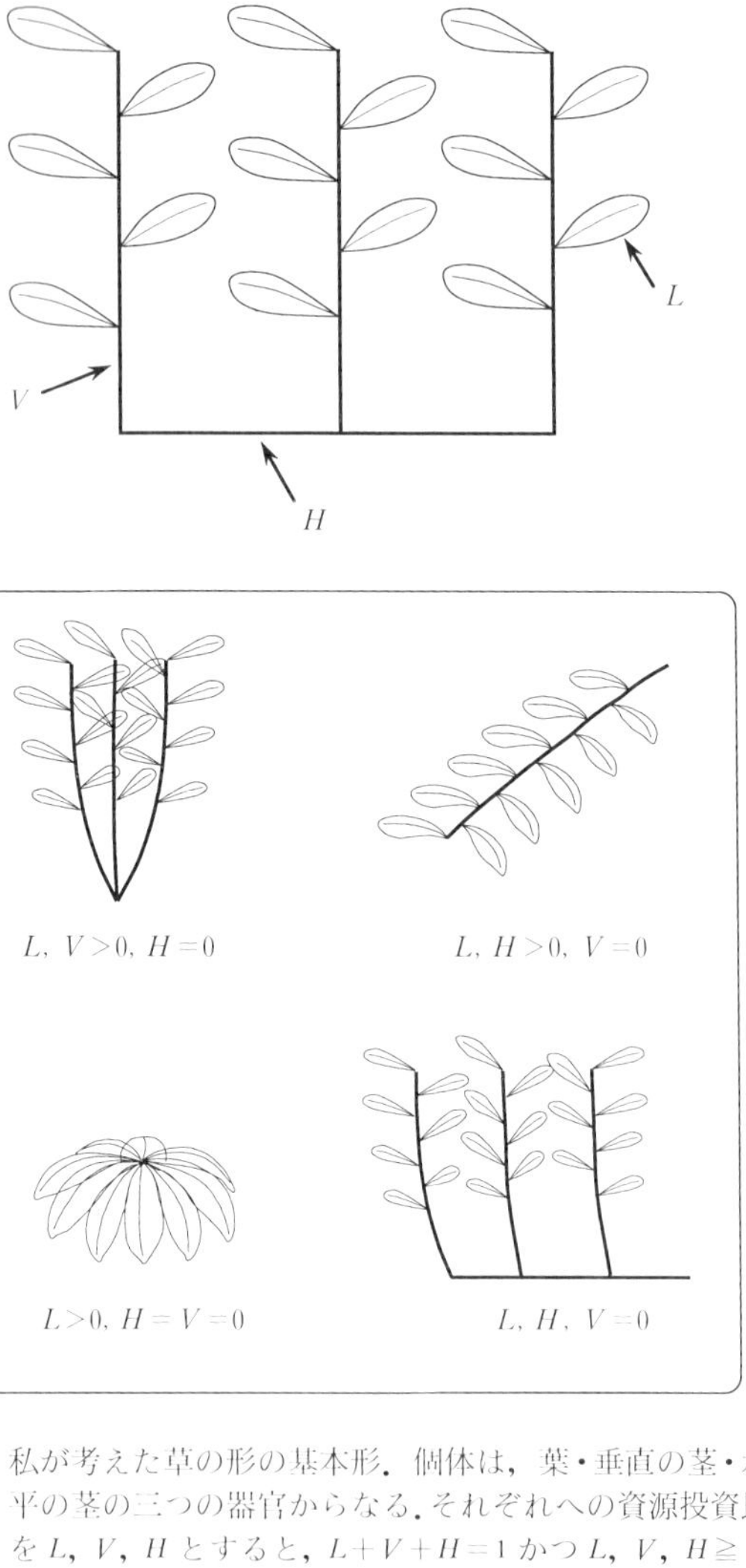

図 33　私が考えた草の形の基本形．個体は，葉・垂直の茎・水平の茎の三つの器官からなる．それぞれへの資源投資比を L, V, H とすると，$L+V+H=1$ かつ L, V, $H \geq 0$ という制約がある．この制約を満たす範囲内で，各器官への資源投資比を自由に考えることができる．Sakai (1991) より．

う形をしている。葉と水平の茎に資源投資をして垂直の茎を伸ばさない（$L, H>0$ かつ $V=0$）と、茎（走出枝や地下茎）を横に這わす草になる。フキやヘビイチゴがそうだ。葉にも垂直の茎にも水平の茎にも資源投資をすれば（$L, V, H>0$）、セイタカアワダチソウやヨモギのように、茎を上にも伸ばし横にも這わす草になる。葉にすべての資源を投資し、垂直の茎も水平の茎も作らなければ（$L=1$ かつ $V=H=0$）、ロゼットという、葉を直接地面に広げたような草になる。オオバコとかサクラソウのように、目立った茎をつけない草がこれにあたる。葉には資源を投資せず、垂直や水平の茎に全資源を投資することも可能だ。現実にはありそうもないことではあるが。もちろん、図33の類型化では同じ型に属するとしても、各器官への資源投資比が異なれば形は変わる。たとえば、叢生する型の中でも、葉への資源投資比が大きいものと垂直の茎への資源投資比が大きいものではずいぶん形が異なるであろう。

この基本形における、葉・垂直の茎・水平の茎への資源投資のトレードオフを考えれば、草の形の多様性の進化を理論的に解析できるんじゃないのか！　私は、紙に書いた基本形の絵を見つめながら、見落としはないか、思いつきに欠陥はないかを考えた。いいことを閃いたと一瞬浮かれても、すぐに欠陥を見つけて駄目になるという経験をずいぶんしていたので、慎重さが身に付いていたのだ。やがて思った。

「これでいける。」

今までの苦労は何であったのだろう。あんなにも時間を無駄にしながら、わずかな時間でふっと思いついてしまった——。私は、コンピュータシミュレーションはそれきりにして、こちらの方の解析に取り組むことにした。

振り返ってみると、カエデの研究を終えてからここまでの日々は、新しい研究テーマを見つけるための無駄走りの時間であったように思う。ボールがないところでの無駄な走りがないとチャンスは生まれないように、イチリンソウ属・間違い数理モデル・コンピュータシミュレーションという無駄走りがなかったら、この着想には至らなかったかもしれない。結果だけ見ると、学位を取得してから半年以上も沈潜していたことになる。しかし、この期間にたくさんのことを学び、新しいことに挑戦した。自分にとって必要だと自分自身で考えたことを勉強し、自分の頭で考えたことを自分自身でやってみた。

「おまえ、成長したな。」

その年の秋に、加藤雅啓さん（東大植物園の助教授になっていた）に言われたことだ。

6　解析的な数理モデル

私の研究目的は、進化的に安定な葉柄の高さを解析することから、草の形の多様性の進化を統一的に説明する数理モデルを提出することに変わった。これならば、ギブニッシュさんのモデルがあろうとも、研究する価値が十二分にある。

新しい数理モデルに取り組むにあたり、挑戦しようと決めたことがあった。それは、解析的に解くということである。今までは、コンピュータを使ったシミュレーションで答えを得ようとした。葉柄の高さとか葉身の面積とか隣の個体との距離とかに具体的な数値をあてはめ（たとえば、それぞれ一〇センチメートル、七平方センチメートル、六センチメートルというように）、光合成生産量を具体的な数値として計算した。そして、隣の個体との距離が六センチメートルのときには、進化的に安定な資源投資比は葉身対葉柄＝〇・一対〇・九といった計算結果を得た。さらに、隣の個体との距離をいろいろに変えてこうした計算を行い、距離が近くなる（個体密度が高くなる）ほど葉柄への資源投資比が高まるといった結論を得た。しかしこの方法では、数学的な厳密さにどうしても欠けてしまう。「距離が近くなるほど葉柄が高くなる」という結論は数学的に証明されたものではなく、パラメーターにある値を

与えて計算したらそうなったというだけのものだからだ。たとえば、

$$f(x)=ax/(bx+c)$$

の値が、xが大きくなるにしたがってどう変化するのかを調べたいとする。aに一、bに一、cに一といった値を定数にあてはめ、xの値を一、二、三………とxを変化させてみると、$f(x)$の値が〇・五、〇・六六七、〇・七五………と大きくなった。aを〇・五、bを一、cを一〇にして、xの値が一、二、三………とすると、$f(x)$の値が〇・〇四五、〇・〇八三、〇・一一五、………と大きくなった。だから$f(x)$は、xとともに大きくなる――。しかしこれでは大間違いだ。正しくは、$f(x)$をxで微分してみて、

$$f'(x)=ac/(bx+c)^2$$

したがって、$ac>0$のときにはxとともに増加、aがゼロまたはcがゼロのときにはxに依存せず、$ac<0$のときにはxとともに減少すると結論する。解析的に解くとは、後者のような解き方のことを指す。

もちろん、シミュレーションも有効な方法である。解こうとする問題が難しくて解析的に解くことができないときには、数学的な厳密性を犠牲にしてでも、シミュレーションをやってみた方が良いからだ。実際、シミュレーションを用いた研究は、生態学のいろいろな分野で大きな成果を上げている。

しかし、解析的に解くことができる問題ならば、シミュレーションの出番はない。

解析的に解こうと思い立ったきっかけは、葉身と葉柄への進化的に安定な資源投資のコンピュータシミュレーションの話を研究室セミナーで紹介したとき、

「解析的に解くべきだと思んや。」

と矢原さんに指摘されたからである。なるほど、このコンピュータシミュレーションもその前の間違いモデルも、解析的に解くことができる問題であった。実際にギブニッシュさんは、$-f'(b^*)/f(b^*)=g'(0)/g(0)$という解析的な解を得ている。しかし、これらの数理モデルを始めたときには、解析的に解くなどという発想は私にはなかった。いやそもそも、解析的に解くということを知っていたのかどうかも疑わしい。知っていたら、ギブニッシュさんの解析を不十分だなどとは思わなかっただろうから。

私は、ギブニッシュさんの論文を改めて勉強し直すことにした。

7　求めるべき条件は何だ？

進化的に安定な資源投資比を解析的に得るためには、解の満たすべき条件がはっきりしていないといけない。もちろん、求めたいのは進化的に安定な戦略——その戦略を採用している個体が集団の大多数を占めているならば、その集団に現れるどんな突然変異型も自然淘汰によって排除される戦略——だ。でも、これを数学的に表すとどうなるのだろう？　大学入試の数学に例えるなら、

条件式○△×を満たす x を求めよ

という問題文の、条件式は何なんだということである。

ギブニッシュさんの解析した条件を改めて正確に記すと、茎の高さが h_1 である個体と h_2 である個体の競争を考えている。そして、両者の光合成生産量はそれぞれ

茎の高さが h_1 の個体の光合成生産量＝

単位量の葉あたりの光合成速度 $g(h_1-h_2)$ ×葉の量 $f(h_1)$

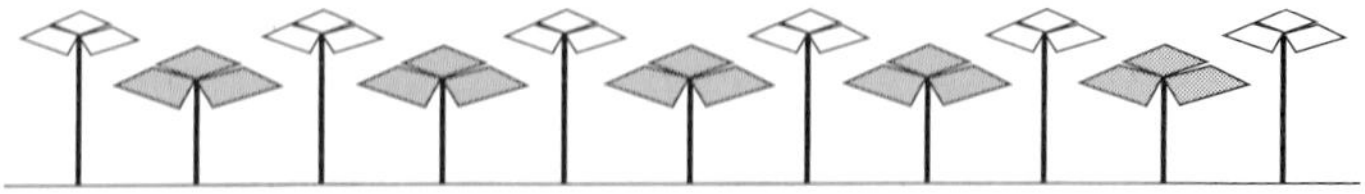

図34　ギブニッシュさんが想定した状況？　茎の高さがh_1の個体とh_2の個体が入り混じっている集団．ギブニッシュさんが立てた条件からすると，この図の状況を想定しているように思えた．

茎の高さがh_2の個体の光合成生産量＝
単位量の葉あたりの光合成速度 $g(h_2 - h_1)$ × 葉の量 $f(h_2)$

となっている。茎の高さがh_1の個体にとっては、まわりの個体との茎の高さの差は$h_1 - h_2$となり、茎の高さがh_2の個体にとっては、まわりの個体との茎の高さの差は$h_2 - h_1$である。この記述を読んで私は混乱してしまった。何度も説明したように、進化的に安定な戦略とは、野生型が集団の大多数を占めているときにどうのこうのという概念である。そして、ごく少数の突然変異型がその集団に現れたらどうなるのかを調べる。茎の高さがh_1の個体を突然変異型と考え、茎の高さがh_2の個体を野生型と考えて（あるいはその逆）いいのであろうか？　それとも、どちらも少なくない頻度で集団中に存在していて、両者間の競争を考えているのであろうか（図34）？　一人悶々と悩んだり、人に聞いてみたり、他の本を読んだりして私は、やはり前者の状況を考えているのであろうと判断した。進化的に安定な戦略の定義からして、こちらの方がしっくりくるからだ。そして求めるべき条件は（以下では、茎の高さがh_2の個体を野生型、h_1の個体を突然変異型としている）、どんな高さのh_1に対しても、

茎の高さがh_2の個体の光合成生産量＞茎の高さがh_1の個体の光合成生産量

すなわち、

単位量の葉あたりの光合成速度 $g(h_2-h_1)\times$葉の量 $f(h_2)$

＞単位量の葉あたりの光合成速度 $g(h_1-h_2)\times$葉の量 $f(h_1)$

であると思ってしまった。そして、この条件式を元にして改良を加え、葉・垂直な茎・水平な茎への進化的に安定な資源投資比を解析していった。しかし、計算が終わって論文の執筆にかかろうというときにようやく、この条件式は間違っていることを指摘されることになる。またしても大間違い、でも最後の大間違いであった。

8　最後の大間違い

私には、何人もの師匠がいることはずいぶん前に述べた。数理モデルの道に入ってからは原田泰志さんが一人目の師匠となった。二人目の師匠となったのが松田裕之さんである。松田さんも数理生態学の専門家で、原田さんにとっては大学の研究室の先輩にあたる。当時は、水産庁の中央水産研究所（その頃は、東京の築地市場のそばにあった）の研究員であった。進化的に安定な戦略の解析を進めながら私は、専門家の助言を仰ぐ必要を感じていた。所詮自分は素人だし、東大植物園の研究室にも理論的解析をやっている人はいなかった。果たして私の解析は正しいのかという不安は消えない。そこで、同じ東京ということでお会いしやすいということもあり、話を聞いて下さるかどうかと電話してみることにした。松田さんは、ほとんど面識がなかった私の申し出を快く受け入れて下さり、冬のある日、中央水産研究所におじゃますることにした。

築地は、市場めぐりが好きな私には堪らない場所である。すでに日も暮れて場外の店々はどこも閉まっているけれど、人気のない市場にもそれなりの趣があった。私は、市場の中をわざわざ通って中央水産研究所へと歩いていった。所内に入って松田さんの研究室を見つけ扉を叩く。「どうぞ」という声に扉を開けると、とっくりセーター姿の松田さんがいた。

私は、研究室セミナーで解析結果を紹介したときの資料を持参していた。それを見せながら、私がやりたいことを説明していった。葉・垂直の茎・水平の茎への資源分配を考えれば、ありとあらゆる形の草を表現できることを話すと、松田さんは「ほほー」といたく感心して下さった。次に、私が用いた条件式を示した。これに対して松田さんは、

「比べるべきものが間違っている。」

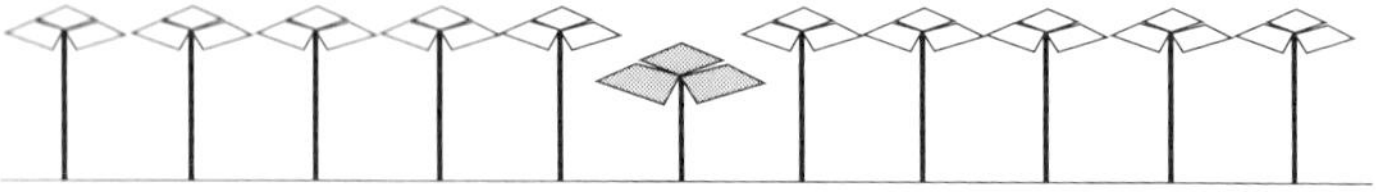

図35　想定すべき集団の状況．野生型（白い個体）ばかりの集団に，突然変異型（灰色の個体）がごく少数混ざっている．

突然変異型（茎の高さがh_1）にとって、まわりの個体との茎の高さの差が $h_1 - h_2$ であるのはよい。しかし、野生型（茎の高さがh_2）にとって、まわりの個体との茎の高さの差が $h_2 - h_1$ であるのは間違っているというのだ。

こう書いただけではどうしてだろうと思う方も多いであろう。集団の様子を模式図（図35）に描いて説明しよう。集団を構成する個体の大多数は野生型である。そこに、突然変異型がごく少数（図では一個体）が混ざっている。突然変異型にしてみると、まわりを取り囲んでいる個体はみな野生型である。だから、まわりの個体との茎の高さの差は

自個体（突然変異型）の茎の高さ h_1 − 野生型の茎の高さ h_2

でよい。では、突然変異型の隣にいる野生型の場合はどうか？　この個体のまわりには突然変異型と野生型がいる。したがって、まわりの個体との茎の高さの差は

自個体（野生型）の茎の高さ h_2 − 突然変異型の茎の高さ h_1 と野生型の茎の高さ h_2 の平均

となる（ここでは、高さの平均をちゃんと計算するにはどうしたらいいのかには触れ

ない）。前節で考えた条件式では、この部分が、

自個体（野生型）の茎の高さ b_2 − 突然変異型の茎の高さ b_1

となっていて、野生型のことは忘れている。しかしこの間違いは些細なことだ。大間違いは他の部分にある。それは何かというと、突然変異型のそばにいる野生型は野生型全体のごく一部であり、大多数の野生型は、突然変異型から離れたところにいるということだ。つまり、大体数の野生型にとって、光を巡って競争している相手は同じ野生型なのだ。だから、大多数の野生型におけるまわりの個体との茎の高さの差は、

自個体（野生型）の茎の高さ b_2 − 野生型の茎の高さ b_2

である。両者は同じ高さなので、高さの差はゼロということになる。

私が調べたいのは、突然変異型の性質が世代とともに広がっていくのかどうかである。そのために、突然変異型一個体あたりの種子生産量（光合成生産量が多いほど多い）と、野生型一個体あたりの種子生産量の比較を行おうとしている。前者の方が多ければ、次の世代では、突然変異型の性質を受け継いだ個体の頻度が増えるということだ。では改めて、前節の条件式は何を比較しているのかを考えてみよう。

突然変異型の光合成生産量

$= $単位量の葉あたりの光合成速度 $g(b_1-b_2)\times$ 葉の量 $f(b_1)$

ごく一部の野生型の光合成生産量

$= $単位量の葉あたりの光合成速度 $g(b_2-b_1)\times$ 葉の量 $f(b_2)$

大多数の野生型の光合成生産量

$= $単位量の葉あたりの光合成速度 $g(b_2-b_2)\times$ 葉の量 $f(b_2)$

と並べてみる（ごく一部の野生型にとっての、まわりの個体との茎の高さの差は b_2-b_1 にしておく。後の議論には影響しないので）。前節の条件式は、突然変異型の光合成生産量とごく一部の野生型の光合成生産量の比較である。しかし、野生型一個体あたりの光合成生産量の平均は、大多数がどれだけ光合成生産するのかによってほとんど決まってしまう。だから、比較すべきなのは、突然変異型の光合成生産量と大多数の野生型の光合成生産量である。ごく一部の野生型の光合成生産量がどうであろうと、大勢には影響しない。

比較のし間違いが計算結果に影響しないのなら良いのであるが、残念なことに、計算結果は微妙に変わってしまう。解析は、一からやり直しとなった。

ちなみに最近では、種子の散布範囲が狭い場合には、突然変異型とそのそばにいる野生型の直接的な競争も無視できないという研究が行われている。種子が遠くから飛んで来にくいと、突然変異型がいた場所を埋めるのは、突然変異型かそのそばにいた野生型が作った種子である。そのため、遠くにいた野生型の種子生産量がどれだけ大きかろうと、その場での局地的な競争に勝ちさえすれば、突然変異型の子孫は世代とともに広がりうる。しかしこれはあくまでも最近の発展の話。一九八九年当時、私が取り組むべきなのはまずは基本モデルの提唱であった。

9 生物学における四つの問い

私が作った数理モデルの中身について詳しく説明する前に、私が知りたかったことはそもそも何なのかということをここで改めて明確にしておきたい。私が数理モデルを作った目的は、草の形の多様性がなぜ進化したのかを探るためであった。では、「なぜ」とはどういう意味なのであろうか？　ノーベル賞を受賞した動物行動学者ニコ・ティンバーゲンは、生物に対する「なぜ？」という問いかけを四つに類型化した[8]。たとえば、「なぜ、赤信号で車は止まるのか」（このたとえは、マーティンとベイトソンが使ったものである）という問に対して、

至近要因：赤い光に脳が刺激されブレーキを踏むから
発生要因：自動車教習所で教え込まれたから
歴史要因：赤で止まるという規則が歴史的に成立したから
究極要因：止まる方が有利（安全）だから

と答えることができる。考えてみると、

赤い光を目が捉える → その情報が脳に伝わる → 脳が情報を処理する → 足に命令を発する → 命令が足に伝わる → 足がブレーキを踏む

という過程がほぼ一瞬の内に行われるというのはすごいことだ。いったいどのような仕組みでこうした一連のことが行われるのか？　その仕組みを知ること、それは至近要因を知ることである。一方、いくらこういう仕組みを備えていても、赤信号で止まるという反応が身についていないといけない。運転手はいったいどこでそんな反応を身につけたのか？　それは、幼い頃から教え込まれたとか、自動車教習所で厳しく言われたといったことに行き着くであろう。個体発生において、「赤信号で止まる」ということがどのように成立するのかを知ることが発生要因に対する答えである。ではそもそもどうして「赤信号」なのか？　現在、おそらく世界中の国で、「赤信号で止まる」という規則が用いられている。しかしこの規則も、誰かが決めたからこそ成り立っているものである。人類の歴史をもう一度繰り返せば、「青信号で止まる」とか「白信号で止まる」といった規則が成立するかもしれない。歴史をひもといて、「赤信号で止まる」という規則がどうして成立したのかを知る、それが歴史要因に対する答えである。とは言っても、「赤信号で止まるという規則が歴史的に成立したから」といちいち考えて、ブレーキを踏む運転者はいないであろう。運転者の意識としては、「止まらないと危ない」とか「信号を無視したら警察に捕まる」というのが本当のところだと思う。これはつまり、自分にとって有利な行動を選んでいるということである。有利であるという視点からその行動の理由を調べることが、究極要因に対する答えを探ることである。

上の四つの答え方はどれも正しい。また、どれかが本質的で他は非本質的なことであるというわけでもない。問いかけた人がどういう視点で生物を見ているのかによって、答えが変わってくるということだ。私の問いかけは、究極要因に対する問いかけであった。ある形をした草がある環境条件に生育しているのは、その環境条件においては、他の形に比べてその形の方が自然淘汰に対して有利（より多くの種子を残すことができる）なのではないかという視点である。そして、環境条件が異なれば、他の形の方が有利となるのであろう。このように、環境条件に応じてさまざまな形の草が有利となり、草の形の多様性が進化したのではないか。ではいったい、どういう環境条件ではどういう形が有利となるのか。これが私の知りたいことであった。

10　進化生態学における数理モデルの役割

もう一つ、数理モデルの役割について私の考えを述べておきたい。この話抜きにモデルの中身を紹介すると、多くの方が拒絶反応を起こしてしまうであろうから。

そもそも何のために数理モデルを作るのか？　進化生態学という分野におけるモデル構築の目的、それは仮説を作るためである。前節で説明したように進化生態学は、ある現象がなぜ進化したのか、その究極要因を求める。そのためには、究極要因に関する仮説を提示して、それを検証するという研究法をとることが効率的である（仮説を持つことの重要性に関しては、第二章第11節六一頁を参照のこと）。ふつう、究極要因に関する仮説は、「これこれの理由でこの性質を持つことが有利なので、その性質が進化した」というかたちをしている。この、「これこれの理由」の部分の理屈が簡単ならば頭の中で仮説を考えれば十分である。しかし、「これこれの理由」が難しくなってくると、頭の中で考えるだけでは追いつかなくなる。論理があやふやになるかもしれないし、何かを見落とすかもしれないし、予測が不正確かもしれないし、そもそも予測が想像つかないかもしれない。そのときに強力な武器となるのが数理モデルだ。数学を用いれば、正確で論理的な予測を得ることができる。前提となる式を立てれば、そこからきちっと答えを導くことができる。つまり、理屈が難しい仮説を提示するための道具、それが数理モデルである。仮説なのだからもちろん、数理モデルは検証されないといけない。前提としておいた仮定が正しいのか（ただし次段落以降参照）、モデルの予測が正しく現実の現象を説明しているのか。仮定と予測をつなぐ論理が、現実の因果関係の論理とあっているのか。こうした検証に耐えることによって、数理モデルを用いて提示された仮説はその地位を固めていくことになる。

数理モデルが導く予測は、そのモデルで仮定したことの上に成り立っている。だから、どういう仮定をおくのかということはとても重要である。当然のこととして、私たちが知りたいのは現実に起きている進化現象についてである。したがって、現実に即した仮定をおくことが大切となる。とはいっても、現実の要素をできるだけ忠実に取り入れた仮定をおいた方がいいというわけでもないと私は思う。むしろ、現実をある程度まで単純化した仮定をおいた方が良いことが多いというのが私の考えだ。なぜか？　着目する進化現象がなぜ起きた（究極要因）のか、それを理解するために、数理モデルを用いた仮説の提示とその検証を行うからだ。

たとえば、本章第3節（二〇一頁）で紹介したギブニッシュさんのモデルを例にとってみよう。このモデルは、「光を巡る隣接個体間の高さの競争があるときの茎の高さの進化」という進化現象に着目している。そして、単位量の葉あたりの光合成速度 $g(h_1 - h_2)$ を、自個体とまわりの個体の高さの差 $h_1 - h_2$ の関数としていとも簡単に仮定している。このモデルのおかげで私たちは、光を巡る高さの競争がもたらす進化的帰結を理解することができたと思う。

ここで、まわりの個体との高さの競争をもっと現実的に考えてみよう。まわりの個体といっても、まわりにはたくさんの個体がいるはずだ。いったいどの個体の高さのことだ？　それともまわりの個体全部の高さの平均のことだろうか？　じゃあ、どの個体までを平均に含めるのだろう？　半径一メートル以内？　それとも半径一〇センチメートル以内？　もちろん、一〇センチメートル隣にいる個体と一〇メートル離れている個体を同等には扱えないし、自個体の南側にいる個体と北側にいる個体では被陰の影響は異なる。生育地が斜面ならば、自個体から見て斜面の上側にいる個体と下側にいる個体も区別しなくてはならない。それに、季節とともに草は育っていくのが普通だ。高さの生長をどう扱えばいいのであろう？

　こうしたことを思いつく限り仮定に取り組めば、なるほど確かに現実に近づいていくであろう。そしてそのおかげで、ギブニッシュさんの単純なモデルではわからなかった予測を導くことができるかもしれない。それならば複雑化の甲斐があったわけだ。しかし、ギブニッシュさんのモデルと大して変わらない予測しか導くことができなかった場合はどうであろうか。モデルが複雑だと、仮定と予測をつなぐ論理――その予測が出てきた理由――を理解することなどできやしない。つまり、ある性質が有利である理由（究極要因）を理解するということに関して、そのモデルは役に立たない。予測は変わらない、理屈はわからないでは、何のための複雑化なのであろう。このことを、マンゲルとクラーク[9]は次のように言い表している。

人間の理解能力には限界がある。だから、自然そのままに複雑なモデルを作ったとしても、こうしたモデルの論理構造を理解するのは自然を理解するのと同じくらい大変であろう。冗談を言うつもりはない——私たちがモデルを作るのは、コンピュータ内にただ単に自然を再現するためではない。自然に対する理解を深めるためにモデルを作るのだ。

進化現象は、非常にさまざまな要因が絡み合って起きているはずのものである。そして、どの要因も同じように重要というわけではなく、些細な影響しか持たないものから、本質的な影響を持つものまでさまざまであろう。進化現象を理解するとは、複雑な糸を解きほぐし本質的な要因を見いだすということであると思う。そのために私たちは、この要因が本質的に重要なのではないかという仮説を持って自然を調べる。「数理モデルは仮説作りの道具」ということを突き詰めていうと、何が本質的な要因なのかを探るための試行実験の道具ということだ。つまり、これが本質的ではないかと着眼した要因を仮定に取り入れたモデルを作り、そのモデルからどのような予測が導き出されるのかを調べる。その予測が現実と合いそうもないのならば、本質的な要因を見誤ったということである。ならばこの要因が本質なのだろうかと考え直し、その要因を仮定に取り入れたモデルに作り直す。そのモデルの予測も現実と合いそうにないならば、何が本質なのかをさらに考え直す。こうした過程を繰り返して、現実の進化現象をうまく説明できそうなモデル、つまり、本質的に違いない要因を仮定に取り入れたモデルを作っていくわけだ。こうしてでき上がったモデルの論理構造を理解することは、自然の論理を理解することにつながる。つまり、モデルで仮定したことからどのような予測が導かれるのか、そしてどうしてその予測が出てくるのかを理解することが、現実の進化現象を理解する助けになるというわけだ。モデル世界で起きていることを理解するためには、モデルは単純な方がよい。そのために、着目した進化現象がなぜ起きたのかを説明するのにさして重要でない（と判断する）要因を仮定から取り去ってしまう。平たく言うと、予測が大して変わらない範囲内で、できるだけ簡単なモデルにする。もちろん、その単純化が本質を捉えているのかどうかは、モデルを検証して確かめないといけない。実際に検証してみたところ、現実と合わない部分が見つかったら、その単純化は誤りであったということである。

仮定が複雑だと、モデルという仮想世界の中で起きる「現象」の一部しか知ることができないという弊害もある。たとえば、まわりの個体との高さの競争をできるだけ現実的に考えたモデルを想像して欲しい。そのモデルでは、まわりを取り囲む個体それぞれの、茎の高さ・自個体からの距離・方角などが変数として組み込まれているとしよう。これらの影響は、個体密度・太陽高度・緯度・生育斜面の向き・生育斜面の角度などによっても変わってくるので、こうした要因も仮定に組み込まれているはずだ。また、植物の茎の重さSと高さhの関係を、

$$S=\frac{6h^4{\rho'_s}^3\tau^2}{E}\left[1+\sqrt{1+\frac{PE}{6h^4{\rho'_s}^2\tau^2}}\right]$$

と仮定しているとする。これは、前述したように、機械的強度を保つために必要なSとhの関係ということから得た式である。こうまで複雑なモデルでは、解析的に解くことはまず不可能だ。だから結局、個体密度＝一平方メートルあたり一〇・太陽高度＝三〇度・緯度＝北緯三八度・生育斜面の向き＝南向き・生育斜面の角度＝一〇度といった特定の数値をあてはめて計算することになる。そして、あてはめる数値の組み合わせをいろいろに変えて計算結果がどうなるのかを試すわけだ。しかしこうした計算結果はあくまでも、その数値の組み合わせのときという限定条件付だ。つまり、このモデル世界の中で起きうる「現象」の内、ある特定のものしか見たことにならない。それが片手落ちの予測を導きかねないことは、本章第6節の$f(x)=ax/(bx+c)$の例（二一四頁）で示したとおりである（この例はいささか極端ではあるが）。さらに悪いことには、仮定に組み込まれている要因が多いため、調べなくてはいけない数値の組み合わせが無限に広がってしまっている。右記の五つの要因に限っても、（個体密度・太陽高度・緯度・生育斜面の向き・生育斜面の角度）という五次元の世界を相手にしなくてはいけないのだ。つまり、調べるべき対象が広い上に、特定の部分しか調べることができないという二重の苦しみである。もちろん、これら五つの要因がどれも本質に関わる重要なものであるのなら、こうした解析もやむおえない。しかしそうでないのなら、些細な影響しか持たない要因を取り除いてモデルを単純化した方がよっぽどいいと思う。あるいは、一つ一つは単純なモデルをいくつか作って、このモデルではこの要因の影響を調べ、このモデルではこの要因の影響を調べるというふうにした方がよい。仮定が単純なモデルならば解析的に解くことができる。解析的に解くことができれば、すべての可能性を調べ尽くすことができるのだ。$f(x) = ax / (bx + c)$ の例では、解析的に解くことにより、a・b・c がとりうる値すべてについての答えを出している。そして、a と c の積の符号によって、x に対する $f(x)$ の依存性が決まることを発見（大袈裟だけど）している。

このように書くと、こういう反論が出てくるかもしれない。「モデル世界のすべてを調べ尽くす必要はない。現実に起こる部分だけを調べれば良い」のだと。たとえば、「自分が扱っている植物の単位体積あたりの茎重量を測定したところ一三ミリグラム毎立方センチメートルであった。この値を、植物の茎の重さ S と高さ h の関係の計算に使えばよい。他の値の場合を調べる必要はない。」しかし、ある特定の数値の場合だけを調べればよいと判断するのにはかなりの慎重さを要すると思う。なぜならば、現実世界での一三ミリグラム毎立方センチメートルという値とモデル世界での一三ミリグラム毎立方センチメートルという値が、まったく同じ意味を持っているとは限らないからだ。こうした「ゆがみ」が生じうるのは、どんなに現実的で複雑なモデルも、所詮は現実を単純化したものでしかないからである。私たちは、自然のすべてを知り尽くしているわけではないし、モデルを作るのに必要なデータをすべてそろえているわけでもない。だから結局、モデル世界は、現実世界の不完全な投影でしかない。となると、変数の値だけは正しく変換されていると思うわけにはいかない。モデル世界に一三ミリグラム毎立方センチメートルという値を当てはめても、果たしてそれは、現実世界での一三ミリグラム毎立方センチメートルの値の場合を見ていることになるのか？　私には、一三ミリグラム毎立方センチメートルの場合だけを調べてお終いにする度胸はない。

最後に。本節で述べた考え方に対する批判が多いのも事実だ。代表的な批判としては、そもそも仮定が現実的でない（単純化されている）のだから結果が信用できるはずがないというものである。しかし、数理モデルが正しいのかどうかという判定は、モデルを検証することによってのみ行うことができるものだと私は思う。現実の進化現象をうまく説明できるのならば、そのモデルでの仮定の単純化に問題はなかったというわけだ。要は、いかにうまく現実を説明できるかであって、どれだけ現実的な仮定を取り入れたかではないと思うのだが。

11　草の形の多様性の進化——私が作った数理モデル

さてそろそろ、私が作った数理モデルに話を戻そう。集団を構成する個体はそれぞれ、ある一定の資源を投資して地上部（葉・垂直の茎・水平の茎）を作る（二一〇頁の図33）。ただし、地上部の生長過程は考えない。つまり、ある大きさの地上部が始めからいきなりでき上がっているような状況を想定する。集団の大多数を占める野生型における、葉への資源投資比をL_W、垂直の茎への資源投資比をV_W、水平の茎への資源投資比をH_Wとする（図31中のL、V、Hを、それぞれL_W、V_W、H_Wに置き換えて欲しい）。これらには、

$$L_W + V_W + H_W = 1$$
$$L_W, V_W, H_W \geqq 0$$

という制約がある。L_W, $V_W > 0$ かつ $H_W = 0$ ならば、上に伸びる茎に葉を着けた個体、L_W, $H_W > 0$ かつ $V_W = 0$ ならば、地面を這う茎に葉を着けた個体、L_W, V_W, $H_W > 0$ ならば、茎が上にも伸び地面も這う個体、$L_W = 1$ かつ $V_W = H_W = 0$ ならば、葉だけを作るロゼット個体である（二一〇頁の図33）。同様に、突然変異型における資源投資比は、葉への資源投資比がL、垂直の茎への資源投資比がV、水平の茎への資源投資比がHである。これらも、

$$L + V + H = 1$$
$$L, V, H \geqq 0$$

という制約を満たさなくてはならない。

さて問題はここからだ。どういう要因が働くと、図33のようなさまざまな形の草が進化するのかを考えなくてはいけない。草の形の多様性の進化において、本質的な要因として何に着眼するのかということである。幸か不幸か、ギブニッシュさんのモデルのおかげで、茎の高さの進化においては個体密度が重要な要因であろうという見通しはついていた。しかしそれだけでは、茎が横に這う這わないといったことは説明できない。何か他の要因も取り込まなくては。しばらく考えた後、わりとあっさ

りともう一つの要因を思いついた。その草の生育地の上層がどうなっているのか——林床のように樹冠に閉ざされているのか、草原のように明るく開けているのか——ということである。生育場所の個体密度と上層の開き具合、この二つを考慮すれば、草の形の多様性の進化を説明できるというのがこのモデルの主張となる。

では、この二つの要因を具体的にどのようにモデルに取り込んだのかを説明していこう。まず始めに大まかな説明をしておく。ある個体の光合成生産量は、

光合成生産量＝受光量×光合成生産速度

であると仮定する。受光量は、その個体の垂直の茎の高さと、まわりを取り囲む個体の垂直の茎の高さの差に依存する。光合成生産速度は、その個体の葉の量と水平の茎への資源投資量に依存する。では次に、受光量と光合成生産速度それぞれについて、どういう仮定をおいたのかを詳しく説明していこう。

まずは受光量から。ギブニッシュさんのモデル同様、垂直の茎は、まわりの個体と光を巡る高さの競争をするための器官である。そして、まわりの個体よりも垂直の茎が高いほど、その個体は多くの光を受けることができる。また、個体密度が高くて個体同士が近接しているほど、おたがいの被陰の影響は大きいであろう。だから、高さの差が同じであっても、個体密度が高いほど受光量は小さいと仮定する（図36）。一方、草原のように上層が開けているほど（つまり明るいほど）、高さの差が同じであっ

ても多くの光を受けることができるであろう（図36）。こうしたことを、数式的には次のように表現した（数式に興味のない方は次の段落へ進んで欲しい）。ある個体の受光量は

$$受光量=F\frac{aX}{\frac{D}{F}+aX}$$ 式11・1

とおく。ここで、Dは生育場所の個体密度、Fは上層の開き具合（値が大きいほど上層は開いている）、aは正の定数である。また、Xは、まわりの個体との垂直の茎の高さの差に依存する変数である。Xの説明をもう少ししよう。着目している個体が突然変異型である（まわりを取り囲むのは野生型）とすると、自身の高さはV、まわりの個体の高さはV_Wであるので、

$$X=e^{V-V_W}$$

と仮定する。eは自然対数の底である。高さの差$V-V_W$に対してeの指数でXが増えると仮定したのは、数学的に便利であったというだけの理由。一方、着目している個体が野生型（まわりを取り囲むのはやはり野生型）ならば、自身の高さもまわりの個体の高さもV_Wであるので、

$$X=e^{V_W-V_W}=1$$

である。では、式11・1の意味を説明しよう。Xが大きくなるとともに受光量は増える。しかしその

増加は、だんだんとFに近づいていく頭打ちの増加である（図36）。つまり、その生育場所に降り注いでいる光量はFであり（単純化のため、上層の開き具合と同じ値であるとしている）、まわりの個体よりも高くなるほど、受光量はFに近づくということだ。一方、草原のように上層が開けているといろいろな方向から光が入ってくるのに対し、林床のように樹冠が閉じていると光は上方向からしか降ってこない。このことを考慮して、上層が開けているほどまわりの個体による被陰の影響は小さい（いろいろな方向から光が来るから）ことを数式に取り入れることにした。式11・1の$aX/(D/F+aX)$の部分がそれである。D/Fは、Fが大きい（上層が開けている）ほど値が小さくなる。そしてこの値が小さいと、

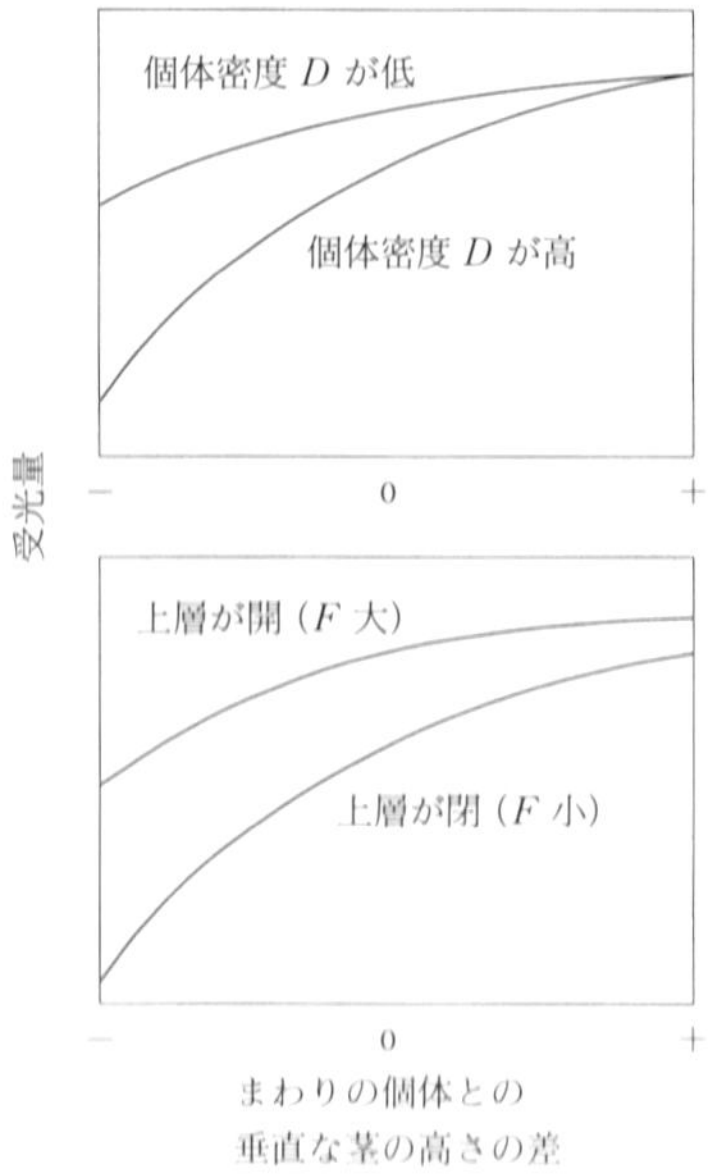

図36　受光量に関する仮定．受光量は，その個体の垂直の茎と高さと，まわりを取り囲む個体の垂直の茎の高さの差に依存する．また，高さの差が同じであっても，個体密度が高いほど受光量は小さく（上図），上層が開けているほど受光量は大きい（下図）．

Xが小さくても（茎の高さの差が小さくても）、$aX/(D/F+aX)$の値は1に近くなる。受光量は、この値にFを掛けたものなのだから、Xが小さくても受光量はFに近い値をとるということである（図36）。逆に、生育場所の個体密度が高いほど、まわりの個体の被陰の影響が強くなって受光量が小さくなる。ただし、いくら個体密度が高くても、垂直の茎の高さの差が十分に大きければ（Xが十分に大きければ）、Fの量の光を受けることができるはずである。つまり、受光量の最大値は個体密度に関わらず同じである。ただ、個体密度が低いと、垂直の茎がまわりの個体よりも少々低くてもFに近い量の光を受けることができるのに対し、個体密度が高いと、Fよりもずいぶんと少ない量の光しか受けることができないであろう。これはつまり、個体密度が高いと、Xの増加とともに受光量が最大値Fに近づく速さが遅いということである（図36）。このことを現すため、個体密度Dが大きいと、式11・1の$aX/(D/F+aX)$の値は小さくなるようになっている。つまり、Dが大きい（個体密度が高い）ほどD/Fの値は大きい。そのため、Xの値が変わらなくても（高さの差が同じでも）、$aX/(D/F+aX)$の値は一よりもずいぶん小さくなる。そして、受光量（この値にFを掛けたもの）も当然小さくなる。

次に、光合成生産速度について。一般に、個体としての光合成生産速度は葉が多いほど大きい。葉は光合成器官なのでこれは当然のことだ。しかし実際には、葉の量が二倍に増えたからといって光合成生産速度も二倍に増えるわけではない。葉の量が増えると葉同士が重なってしまう（自己被陰）ので、陰になった葉の光合成生産速度が落ちてしまうからである。自己被陰のため、葉の量の増加に対して光合成生産速度は頭打ちの増加をするはずである（図37上図）。一方、水平の茎が長いほど自己被陰は少ないであろう。なぜなら、水平の茎が長いほど、垂直の茎がゆったりとあいだをもって配置され、葉同士の重なりが減るからである。また、光がいろいろな方向から入ってくれば、垂直の茎が混み合って配置されていても多くの光を受けることができるであろう。そのため、水平の茎の長さが同じであっても、上層が開いているほど光合成生産速度は大きいと仮定する（図37下図）。こうしたことを、数式的には次のように表現した（再び。数式に興味のない方は次の段落へ進んで欲しい）。ある個体の光合成生産速度は

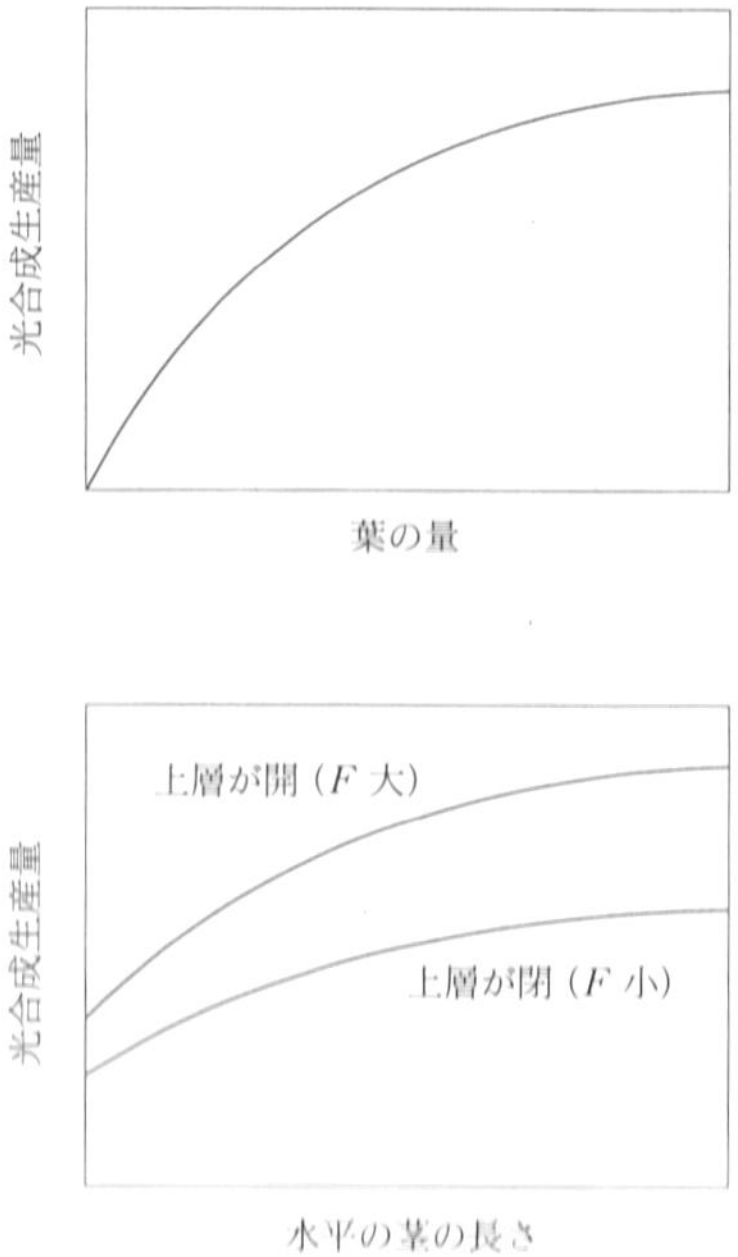

図37　光合成生産速度に関する仮定．光合成生産速度は，葉の量に依存して頭打ちの増加をする（上図）．また，水平の茎が長いほど光合成生産速度は大きい（下図）．水平の茎の長さが同じであっても，上層が開いているほど光合成生産速度は大きい．

$$潜在的光合成生産速度 = \frac{cL}{1+bL}e^{-\frac{f}{F(1+dH)}} \qquad 式11・2$$

とおく。ここで、bとcとdは正の定数、先ほどと同様、eは自然対数の底である。$cL/(1+bL)$が、光合成生産速度が、葉の量Lが増えるとともに頭打ちの増加をすることを現した項である。$f/F(1+dH)$は、水平の茎への投資量Hや上層の開き具合Fが大きくなるとともに小さくなる。一方$e^{-\frac{f}{F(1+dH)}}$は、$f/F(1+dH)$が大きいときにはゼロに近い値を取り、$f/F(1+dH)$が小さくなるとともに一に近づいていく。つまり$e^{-\frac{f}{F(1+dH)}}$は、HやFが大きくなるとともにゼロから一へと近づいていく。つまりこの項は、水平の茎が長い（Hが大きい）ほど、あるいは上層が開けている（Fが大きい）ほど潜在的光合成速度が上がることを現している。

以上をまとめると、野生型と突然変異型の光合成生産量（＝受光量×光合成生産速度：式11・1と11・2を掛け合わせたもの）はそれぞれ次のようになる。

野生型の光合成生産量

$$=F\frac{aX}{\frac{D}{F}+aX}\frac{cL_W}{1+bL_W}e^{-\frac{f}{F(1+dH_W)}}=F\frac{a}{\frac{D}{F}+a}\frac{cL_W}{1+bL_W}e^{-\frac{f}{F(1-dH_W)}}$$ 式11・3

突然変異型の光合成生産量

$$=F\frac{aX}{\frac{D}{F}+aX}\frac{cL}{1+bL}e^{-\frac{f}{F(1+dH)}}=F\frac{ae^{V-V_W}}{\frac{D}{F}+ae^{V-V_W}}\frac{cL}{1+bL}e^{-\frac{f}{F(1-dH)}}$$ 式11・4

ここで、野生型にとっては$X=e^{V_W-V_W}=1$であり、突然変異型にとっては$X=e^{V-V_W}$であるので、それぞれの値を当てはめてしまっている。

光合成生産量に関する仮定ができたので、いよいよ次は、進化的に安定な資源投資比の計算だ。その前に、進化的に安定な資源投資比の満たすべき条件をまとめておこう。進化的に安定な戦略とは、その戦略を採用している個体が集団の大多数を占めているならば、その集団に現れるどんな突然変異型も自然淘汰によって排除される戦略のことである（本章第2節一九五頁参照）。具体的には次のように考えればよい。L^*、V^*、H^*を、葉・垂直の茎・水平の茎への進化的に安定な資源投資比（進化的に安定な戦略）とする。そして、野生型が、この進化的に安定な戦略を採用している（$L_W=L^*$, $V_W=V^*$, $H_W=H^*$）

集団を考える。この集団に、資源投資比がL^*、V^*、H^*とは異なる突然変異型が現れたとする。このとき、突然変異型の資源投資比L、V、Hがどんな値であっても、

野生型（進化的に安定な戦略を採用している）の光合成生産量＞突然変異型の光合成生産量

が満たされなくてはならない。この条件は数学的には次のようになる。式11・3、4に$L_W=L^*$と$V_W=V^*$と$H_W=H^*$を代入して、

$$F\frac{a}{\frac{D}{F}+a}\frac{cL^*}{1+bL^*}e^{-\frac{f}{F(1+dH^*)}}>F\frac{ae^{V-V^*}}{\frac{D}{F}+ae^{V-V^*}}\frac{cL}{1+bL}e^{-\frac{f}{F(1+dH)}}$$

が、$L=L^*$かつ$V=V^*$かつ$H=H^*$でないどんなL、V、Hの値の組み合わせに対しても成り立つことである。

本節で紹介した光合成生産量に関する仮定の式は、すぐに思いついたものではなく、さまざまな式を試した末にたどり着いたものであった。どういう式を用いれば、葉・垂直の茎・水平の茎の役割をうまく表現でき、かつ解析的に解くことができるのか。当時の私は、紙の上での手計算ですべてをやっていたので（今では、Mathematicaといった数学ソフトを使えば、コンピュータを使って解析的な計算ができる）、自分の足だけで地道に歩き回って実地検分を重ねていくようなものであった。研究室で机に向か

い、紙に向かって計算を書き連ねていく。それでも時間が足りないので、夜、自宅に帰ってからも延々と計算を続ける。おとなしく計算していればいいのだが、「なんだこりゃー」とか「だめだー」とか「どひー」とか発しながら計算するので、研究室では迷惑ものとなるし、自宅では母に、「あなた何やってるの？」と訝しがられた。おまけに、眠りに就いても頭の中を数式が飛び回っている。そして、計算がうまくいったと夢の中で喜んでいるけれど、朝起きてみれば、「その喜びはやはり夢であった」である。研究室に通う電車の中では、どうすればうまくいくかと頭の中でぐるぐる考える。何か思いつくと、早く試したいと電車の中でじりじりし、研究室に着いたらさっそく計算にかかってみる。計算を進めていくとやがて不都合が見つかり、「あーあ、やっぱだめか。」こんな風に、大袈裟ではなく、一日中計算づくめの日々が続いた。そしてようやくたどり着いたのが右記の光合成生産量の式であったわけだ。

さていよいよ解析結果を紹介しよう。計算過程は少々複雑なので、結果だけを示すことにする。図38は、生育場所の個体密度Dと上層の開き具合F（値が大きいほど上層は開けている）に依存した、進化的に安定な葉L^*・垂直の茎V^*・水平の茎H^*への資源投資比である。生育場所の環境条件は、DとFの値の組み合わせで表現されており、D—F座標上の点一つ一つが、それぞれ一つの環境条件を現している。そして、D—F座標上の点それぞれにおいて、L^*とV^*とH^*の値を足し合わせると合計は一になっている。一方、図39は、生育場所の個体密度と上層の開き具合に依存した、進化的に安定な草の形の模式図である。ただし、本章第5節（二一一頁）で述べたように、これら四つの形の内の同じ形に属す

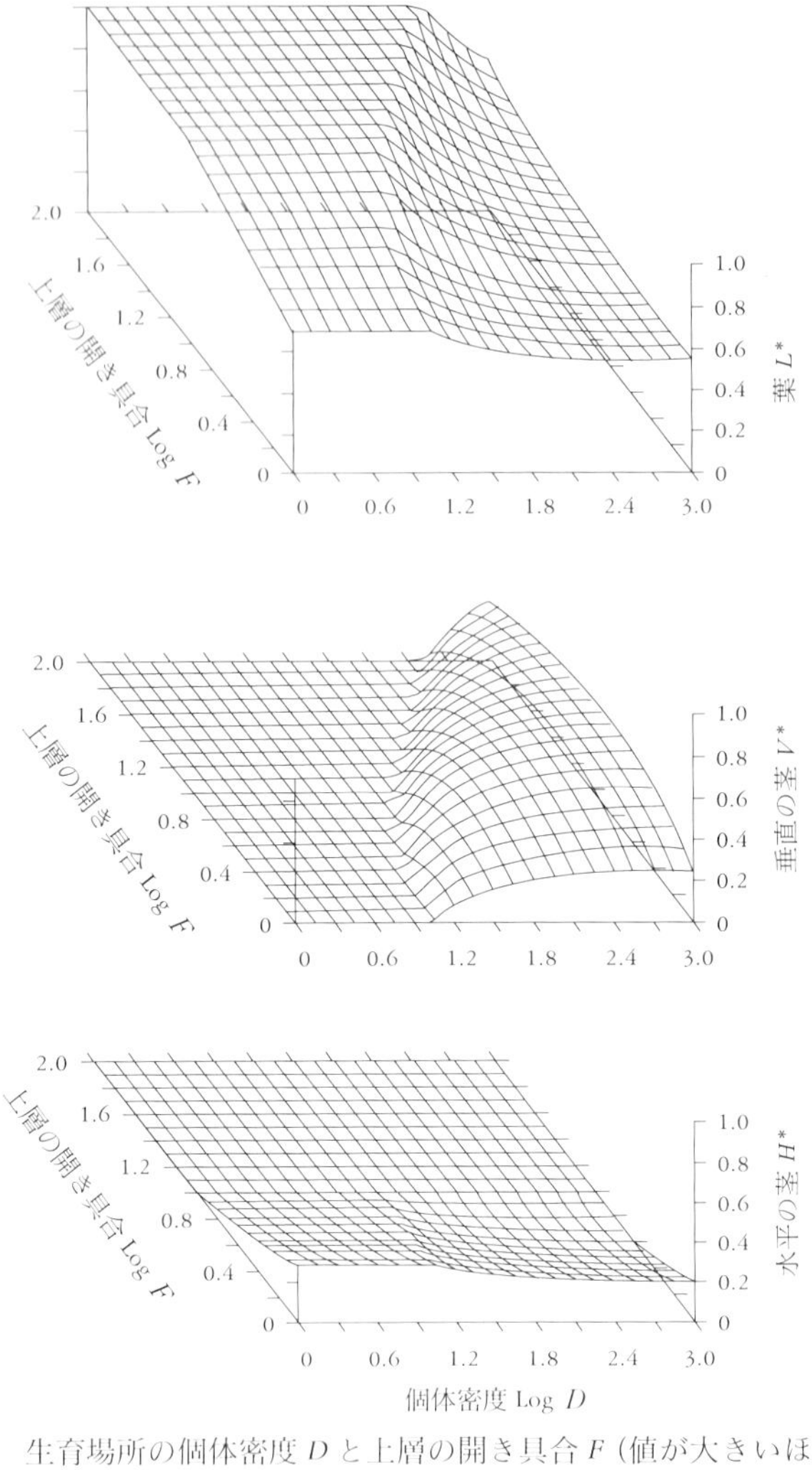

図 38　生育場所の個体密度 D と上層の開き具合 F（値が大きいほど上層は開けている）に依存した，進化的に安定な葉 L^*・垂直の茎 V^*・水平の茎 H^* への資源投資比．Sakai (1991) より．

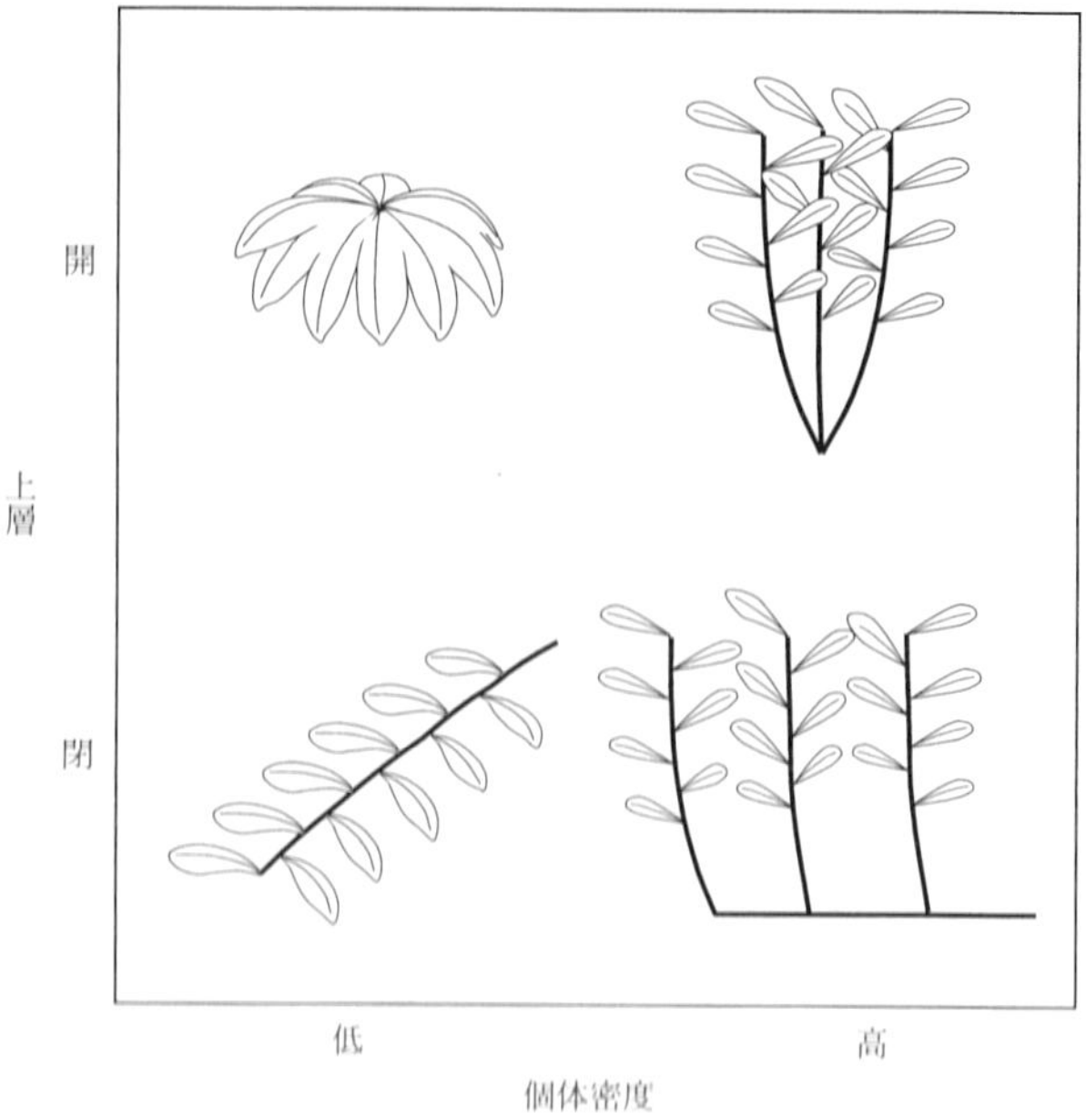

図 39　生育場所の個体密度と上層の開き具合に依存した，進化的に安定な草の形の模式図。Sakai (1991) より

るもの同士でも、L^*とV^*とH^*の値が違えば印象もずいぶんと違ってきうる。

　ではいったい、進化的に安定な草の形はどうなったのか。個体密度Dが高くなるほど葉への資源投資比L^*は小さくなる。個体密度が高いと、まわりの個体との高さの競争のため、垂直の茎を高く伸ばす必要がある。そのため、垂直の茎に資源を取られ葉の量が少なくなってしまうのである。また、上層が閉じている（Fが小さい）ほど葉への資源投資比L^*は小さくなる。上層が閉じていると、上からしか降り注がない光を有効に利用するため、水平の茎に投資して葉の重なりを防ぐ必要がある。そのため、水平の茎に資源を取られて葉の量が少なくなってしまうわけだ。しかし、葉への資源投資比L^*は決してゼロにならない。葉がないと光合成はできない。どんなめちゃくちゃな形をしていても、葉がないよりはましということである。一方、個体密度Dが低く上層が開いている（Fが大きい）生育場所では、$L^*=1$かつ$V^*=H^*=0$となる。こうした環境では、目立った茎を作らずに葉だけを作るロゼット植物が進化的に安定ということだ。

　垂直の茎への資源投資比V^*は、個体密度Dが高くなるほど大きくなる。これは、ギブニッシュさんのモデルの予測と同じである。そして、上層が開いている（Fが大い）ほどV^*は小さくなる。上層が開いているといろいろな方向から光が差し込んでくるため、まわりの個体による被陰の影響は緩和される。そのため、垂直の茎を高く伸ばして高さをめぐる競争をする必要がなくなってしまうからである。また、上層がかなり閉じている（Fが非常に小さい）とV^*は小さくなる。こうした環境では上からしか光は降ってこない。そのため、水平の茎を長く伸ばして垂直の茎をゆったりと間をもって配置し、葉同士の重なりを避ける必要がある。つまり、水平の茎に資源を取られる分、垂直の茎が低くなるわけである。個体密度Dが低く上層が閉じている（Fが小さい）生育場所では、$V^*=0$かつ$0<L^*, H^*<1$となる。こうした環境では、茎を地面に這わす草が進化的に安定ということだ。

　水平の茎への資源投資比H^*は、個体密度Dに関わらずほぼ一定である。しかし、個体密度が非常に大きくなるとH^*は小さくなる。まわりの草との高さの競争のため、垂直の茎に資源が回されてしまうのである。そして、上層が開いている（Fが大きい）ほどH^*は小さくなる。上層が開いているといろいろな方向から光が差し込んでくるため、水平の茎を伸ばして葉同士の重なりを避ける必要がなくなってくるからである。個体密度Dが高く上層が開いている（Fが大きい）生育場所では、$H^*=0$かつ$0<L^*, V^*<1$となる。こうした環境では、数本の上に伸びる茎を根もとから叢生させる草が進化的に安定ということである。

　個体密度Dが高く上層が閉じている（Fが小さい）生育場所では、$0<L^*, V^*, H^*<1$となる。こうした環境では、茎を上にも横にも伸ばす草が進化的に安定である。

　以上が、私のモデルが予測する進化的に安定な草の形である。では、この予測はどれくらい現実に合っているのか？　実を言うと、モデルの予測の検証はまだやっていない（すみません）。それともう。当の私も、このモデルだけで草の形の多様性の進化を理解できるとは思っていない。たとえば、水平の茎を伸ばすことには、栄養条件や光条件や水分条件の良い場所を探すという機能もある。いろいろな方向に水平の茎を伸ばして、こうした良い場所に巡りあった茎は、その場所で葉や根をたくさん作り盛んに光合成生産をするというわけである。実際、こうした探索をする植物（イギリスに自生するカキドオシの仲間が有名）はたくさん知られている。でも私のモデルでは、水平の茎にこうした機能を盛り込んでいない。それでもやはり私のモデルは、草の形の多様性の進化を理解する上で役に立つものと思う。本章第10節（二二六頁）で述べたように、進化生態学における数理モデル作りの目的は、仮定を何でもかんでも取り込んで「現実的」なモデルを作ることではなく、自然に対する理解を深めることにある。私は、自分のモデルで取り入れた仮定は、どれも本質的に重要なものだと信じている。

そして、生育場所の個体密度と上層の開き具合に着目した単純なモデルを作り、その影響を調べたのがこのモデルだ。水平の茎を伸ばすことによる探索の効果は、別のモデルを作って調べればよい（事実、この数年後に私は、この効果を調べるモデルを作った）。

私は、このモデルを論文にまとめ、*Journal of theoretical Biology* という理論生物学の専門誌に投稿した。論文審査者からは望外のお褒めの言葉をいただき、すんなりとこの論文は受理された[10]。当時の *Journal of theoretical Biology* 誌は、その号に掲載されている論文で使われている図から一つを選んで、おもて表紙にその図を載せるというのが売りであった。ある日私は、自分の論文が掲載されている号が届いたかどうかを見に東大農学部附属図書館にいった。新着雑誌の並んだ棚に向かって歩いていくと、私が描いた図が目に留まった。四つの形の草だ。私の論文の図４――本書の図39――が、表紙を飾っていた。

おわりに

生態学にせよ何にせよ、出版された論文に描かれているのは、「あることを明らかにしようとして、これこれのことを調べたら、こういう結果が得られました」という話である。その話は普通すっきりとした綺麗なもので、始まりから終わりまでよどみなく進む。しかしたいていの場合、それは「作り話」である。大急ぎで付け加えると、調査・実験方法が出鱈目であるとか結果が嘘であるとかいう意味ではない。そうではなく、論文で描かれていることは、研究を始めてから論文が完成するまでの物語とは別物であるということだ。どんな研究でも、最終的な形にまとまるまでに、さまざまな失敗・紆余屈折・挫折・方向転換がある。しかし論文にはこうしたことは書かない。そして自分の試行錯誤の内、形に実った部分だけを使って論文としての話を作り上げる。読者には最終的に完成した成果を伝えればよいのだから、そこに至るまでの諸々のことは書く必要がない――いや、書いてはいけないのだ。

一方、科学を志す若者が、さまざまな科学的知識を吸収しながら感じることの一つは、「どういう風にして研究をするのだろう？」ということではないだろうか。しかし、入門書を読んでも教科書を読んでも論文を読んでも、そういったことはほとんど書いていない。偉人の伝記には発見までの物語も登場するけれども、どうもそれは雲の上の話だ。「普通」はどうなのかということを知る機会はなかなかない。結局、大学院に入学するなどして研究の世界に入ったとき、先輩のやっていることを見たり、自分自身が研究上の試行錯誤を重ねることで初めて、「どういう風に研究をするのか」を実体験していくことになる。でもどうせならば、誰かの体験談をもっと早い機会に知っておいた方がいいように思う。だから本書では、たった二つの論文に絞って、それらを完成させるまでの研究物語を描いた。効率の良い研究方法を伝授するとか、発見の秘策を披露するためではない（そんなこと、私にはできやしない）。ともかく、私の場合はこうだったということを描いた。

本書を読み終えた読者の多くは、「これならば、生態学の研究は自分にもできる」と感じたのではないだろうか。そう、研究は誰にでもできる。まずは、そう思ってもらえれば十分だ。ただし、あなた自身が研究の世界に入ったとき、「研究は誰にでもできる」ということの意味を考え直すことになるとは思う。

本書は、京都大学理学部植物生態研究施設での卒業研究から始まり、東京大学理学部附属植物園での大学院時代・オーバードクター時代の研究の話である。私の取り柄は、自分の頭で考えて積極的に行動するということだけであったように思う。ほっておいたら、どこに進むのか何をやらかすのかわからない。そんな私がなんとか研究をやり通すことができたのは、さまざまな面で私を支えて下さった人々のおかげである。これらの人々に、この場を借りて深く感謝したい。また、大場信太郎君と妻の酒井暁子には、原稿の一部を読んでいただいた。横山潤さんには、植物名を教えていただいた。長嶋寿江さんには、日光分園の宿舎の間取りを思い出す手助けをしていただいた。京都大学学術出版会の鈴木哲也さんと高垣重和さんには、原稿執筆に際していろいろお世話になった。これらの方々にもお礼申しあげたい。ありがとう。

引用文献

(1) Yamamoto, S. (1994) The gap theory in forest dynamics. *The Botanical Magazine, Tokyo* 105 : 375–383.

(2) Critchfield, W. B. (1971) Shoot growth and heterophylly in Acer. *Journal of the Arnold Arboretum* 52 : 240–266.

(3) 酒井聡樹 (2002)『これから論文を書く若者のために』共立出版

(4) Sakai, S. (1987) Patterns of branching and extension growth of vigorous saplings of Japanese Acer species in relation to their regeneration strategies. *Canadian Journal of Botany* 65 : 1578–1585.

(5) Sakai, S. (1987) Sympodial and monopodial branching in Acer : implications for tree architecture and adaptive significance. *Canadian Journal of Botany* 68 : 1549–1553.

(6) 酒井聡樹・高田壮則・近雅博 (1999)『生き物の進化ゲーム——進化生態学最前線：生物の不思議を解く』共立出版.

(7) Givnish, T. J. (1982) On the adaptive significance of leaf height in forest herbs. *American Naturalist* 120 : 353–381.

(8) マーティン，P. &ベイトソン，P. (1990)『行動研究入門——動物行動の観察から解析まで』(粕谷英一・近雅博・細馬宏通　訳) 東海大学出版会.

(9) Mangel, M. and Clark C. W. (1988) *Dynamic modeling in behavioral ecology*. Princeton University Press, Princeton.

(10) Sakai, S. (1991) A model analysis for the adaptive architecture of herbaceous plants. *Journal of theoretical Biology* 148 : 535–544.

読書案内

J. メイナード－スミス著『進化とゲーム理論——闘争の論理』(寺本英・梯正之訳)，産業図書，1985年.

巌佐庸編『数理生態学』，共立出版，1997年.

岩槻邦男・加藤雅啓編『多様性の生物学3 植物の種』，東京大学出版会，2000年.

索　　引

酒井聡樹（さかい　さとき）
東北大学大学院生命科学研究科助教授．理学博士．
1960年　熊本県生まれ．
1989年　東京大学大学院理学系研究科植物学専門課程博士課程終了．日本学術振興会特別研究員．農林水産省草地試験場研究員を経て現職．
専　門　進化生態学．
主　著　『これから論文を書く若者のために』（共立出版，2002），『生き物の進化ゲーム ── 進化生態学最前線：生物の不思議を解く』（共著，共立出版，1999），『数理生態学』（分担執筆，共立出版，1997），『多様性の生物学3　植物の種』（分担執筆，東京大学出版会，2000），『水生動物の卵サイズ ── 生活史変異・種分化の生物学』（分担執筆，海遊舎，2001）

植物のかたち
── その適応的意義を探る　　生態学ライブラリー19

2002年5月25日　初版第一刷発行
2007年1月20日　　第二刷発行

著　者　酒　井　聡　樹
発行者　本　山　美　彦
発行所　京都大学学術出版会
京都市左京区吉田河原町15-9
京大会館内（606-8305）
電　話　075-761-6182
FAX　075-761-6190
振　替　01000-8-64677
印刷・製本　株式会社クイックス

ISBN978-4-87698-319-3

Printed in Japan　定価はカバーに表示してあります

生態学ライブラリー・第Ⅰ期

生態学ライブラリー・第II期（白抜きは既刊、＊は次回配本）

⑬ サルの生涯、ヒトの生涯――人生計画の生物学　デヴィッド・スプレイグ（D. Sprague）
⑭ 植物の生活誌――性の分化と繁殖戦略　高須英樹
⑮ イワヒバリのすむ山――乱婚の生態学　中村雅彦
⑯ マハレのチンパンジー――社会と生態　上原重男
⑰ 進化する病原体――ホスト－パラサイト共進化の数理　佐々木顕
⑱ 湖は碧か――生態化学量論からみたプランクトンの世界　占部城太郎
⑲ 植物のかたち――その適応的意義を探る　酒井聡樹
⑳＊ 森のねずみの生態学――個体群変動の謎を探る　齊藤　隆
㉑ 里のサルとつきあうには――野生動物の被害管理　室山泰之
㉒ 資源としての魚たち――利用しながらの保全　原田泰志
㉓ シダの生活史――形と広がりの生態学　佐藤利幸
㉔ ハンミョウの四季――多食性捕食昆虫の生活史と個体群　堀　道雄